船舶与海洋工程翻译出版计划

Mechanical Vibrations and Condition Monitoring

复杂机械振动及其状态监测

〔墨〕胡安·卡洛斯·豪雷吉·科雷亚（Juan Carlos A. Jauregui Correa）
〔墨〕亚历杭德罗·洛萨诺·古兹曼（Alejandro A. Lozano Guzman） 著
王 航 彭敏俊 夏庚磊 译

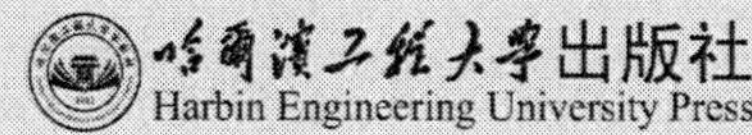

哈爾濱工程大學出版社
Harbin Engineering University Press

内容简介

本书是全面介绍机械振动基本原理、监测技术、故障分析及应用实践的译著。全书共8章,内容涵盖机械振动基础、光谱分析、仪器、振动的原因和影响、对中和平衡方法、实际应用、预防性维修计划实施指南、状态监测。

本书可作为复杂系统、机械、自动化、车辆工程等相关专业的教材和教学参考书,也可供工业设备维护、故障诊断及预防性维修等领域的科技工作者参考阅读。

图书在版编目(CIP)数据

复杂机械振动及其状态监测 / (墨) 胡安·卡洛斯·豪雷吉·科雷亚 (Juan Carlos A. Jauregui Correa), (墨) 亚历杭德罗·洛萨诺·古兹曼 (Alejandro A. Lozano Guzman) 著 ; 王航, 彭敏俊, 夏庚磊译. -- 哈尔滨 : 哈尔滨工程大学出版社, 2025. 3.

ISBN 978-7-5661-4709-7

Ⅰ. TH113.1

中国国家版本馆 CIP 数据核字第 2025HX2648 号

复杂机械振动及其状态监测

FUZA JIXIE ZHENDONG JI QI ZHUANGTAI JIANCE

选题策划 石 岭
责任编辑 王 静
封面设计 李海波

出版发行 哈尔滨工程大学出版社
社　　址 哈尔滨市南岗区南通大街 145 号
邮政编码 150001
发行电话 0451-82519328
传　　真 0451-82519699
经　　销 新华书店
印　　刷 哈尔滨市海德利商务印刷有限公司
开　　本 787 mm×1 092 mm 1/16
印　　张 9.25
字　　数 248 千字
版　　次 2025 年 3 月第 1 版
印　　次 2025 年 3 月第 1 次印刷
书　　号 ISBN 978-7-5661-4709-7
定　　价 128.00 元

http://www.hrbeupress.com
E-mail:heupress@hrbeu.edu.cn

黑版贸登字 08-2025-023 号

Mechanical Vibrations and Condition Monitoring, 1st edition
Juan Carlos A. Jauregui Correa, Alejandro A. Lozano Guzman
ISBN:9780128197967

《复杂机械振动及其状态监测》(第 1 版)(王航,彭敏俊,夏庚磊　译)
ISBN:978-7-5661-4709-7

注　意

本书所涉及的领域知识和实践标准在不断变化。新的研究和经验拓展我们的理解,因此须对研究方法、专业实践或医疗方法做出调整。从业者与研究人员必须始终依靠自身经验和知识来评估及使用本书中提到的所有信息、方法、化合物或本书中描述的实验。在使用这些信息或方法时,人们应注意自身和他人的安全,包括注意负有专业责任的当事人的安全。在法律允许的最大范围内,爱思唯尔、译文的原文作者、原文编辑及原文内容提供者均不对因产品责任、疏忽或其他人身或财产伤害及/或损失承担责任,亦不对由于使用或操作书中提到的方法、产品、说明或思想而导致的人身或财产伤害及/或损失承担责任。

译者序

随着全球经济一体化的步伐加快，以及我国“中国制造 2025”、德国“工业 4.0”、美国“工业互联网”等一系列先进制造理念的提出，我国正逐步迈向以“信息化”和“智能化”为显著特征的“第三次工业革命”。在这一进程中，机械振动和状态监测技术作为现代工业维护的核心组成部分，成为保障设备稳定运行与提升生产效率的关键要素。

机械振动和状态监测技术不仅涉及振动的基础理论，还包括光谱分析、信号处理、传感器技术等多个方面的内容。该技术能够通过对机械设备的实时监测，及时发现并诊断潜在故障，进而采取预防性措施，避免设备因突发故障而停机，从而确保生产的连续性和经济效益的最大化。

在全球范围内，尤其是在欧美等发达国家，机械振动和状态监测技术已经广泛应用于航空、汽车制造、能源供应等众多工业领域。这些技术的应用，不仅显著提高了设备的可靠性，而且还大幅度减少了维护成本，增强了企业的竞争力。然而，与国际先进水平相比，我国在这一领域的研究与应用尚处于发展阶段，存在着一定的差距，因此加强对机械振动和状态监测技术的研究与应用推广显得尤为迫切。

近年来，得益于工业互联网、大数据、人工智能等新兴技术的迅猛发展，机械振动和状态监测技术获得了前所未有的发展机遇。这些技术为振动数据的实时采集与分析提供了强大的支撑平台，使得设备的健康状态得以被更精细地刻画，进而为设备的预防性维修提供了科学依据。特别是人工智能与数字孪生技术的应用，使得机械系统的故障预测与健康管理变得更为智能与精准。

尽管外部环境为机械振动和状态监测技术的发展提供了良好的“土壤”，但要真正实现技术的跨越式发展，我们还需从基础理论、关键技术、应用实例等方面进行全面而深入的研究与探索。只有这样，才能在实际应用中发挥出技术的最大效能，为我国的工业现代化建设提供坚实的保障。

本书正是在这样的背景下译著的。本书系统地介绍了机械振动的基本原理、状态监测的技术手段及其在实际工程中的应用案例。本书通过对机械振动理论的深入剖析，以及对现代检测技术的全面解读，为读者提供一个由浅入深、由理论到实践的完整知识体系。书中包含了详尽的技术讲解与丰富的案例分析，可以帮助读者巩固所学知识，提升实际操作能力。

我们诚挚地希望，本书能够成为广大科研工作者、工程技术人员以及在校师生的良师益友,激发大家对机械振动及其状态监测技术的研究热情,推动这一领域在国内的繁荣与发展。同时,我们也期待着与各位同仁一道,继续深化研究,攻克技术难关,为我国工业设备的高效管理与精准维护贡献力量。

王航
2025 年 3 月 29 日于哈尔滨工程大学

前言

状态监测由预测性维修或主动维修发展而来。状态监测的起源很难界定,但预测性维修方面的研究在过去几十年里取得了巨大进展。如今,状态监测已被视为最具创新性的机械故障分析解决方案之一,并被广泛应用于各种工业领域。另外,当振动传感器的成本降低时,预测性维修还可以应用于大型工业部门。与测量设备和分析系统的投资相比,这一优势降低了故障成本。以前,这些系统功能不够完善,需要专业人员收集数据并进行分析;而现在,通过融合高精度加速度计和傅里叶变换,专业人员能够开发快速算法对机器的实际状况进行诊断。以前,由于成本和专业人员需求的限制,振动传感器仅应用于几种设备类型;而现在,这些最初的概念已经扩展到了其他新兴技术,如超声波、热成像、声学传感器和定向麦克风等。

英国皇家空军首次应用了预测性维修。人们发现,在修理或检查机器后,即使遵循维修计划,故障率仍会增加,这种现象称为沃丁顿效应。为了减少沃丁顿效应,人们决定调整维修计划,使其符合物理条件和使用频率,并降低对数据的需求。状态监测系统评估振动数据,并根据振幅和频率分析确定机器的状态。原始信号包含原始数据,必须经过处理才能生成参考基线。通过对数据进行采样分析,可以监测机器的状态,并在发生故障时显示特征变化。为了提高机器的可靠性,监测系统进行了调整,使用了快速处理硬件和更好的信号处理算法。人工智能程序在监测系统中的应用提高了现代机械的可靠性,并允许更长的维修间隔时间。这些复杂的系统可以预测构成现代机器大多数部件的故障。同时,通过分析数据与采购计划和供应链相关联,可以减少备件库存。

状态监测系统依赖于对机器、设备和机组的诊断。测量机械振动是获取诊断数据的主要方法。尽管机械振动的研究通常被认为是单调乏味的,并没有直接应用于工业实践中,但这与实际情况不符。振动现象实际上存在于任何工业设施或结构的所有机器和机械系统中。机械部件的运动是激发任何结构力的来源之一。振动源还包括加工过程中的缺陷、制造公差和机器装配间隙。机器在超负荷状态下运行、低于设计参数工作、缺乏维修或过度磨损时会产生振动。测量振动的目的是获得足够的信息来分析机组的状况,并将机器的振动水平保持在可接受范围内。同样,通过正确的解释,这些振动可以提供大量关于设备和机械系统运行状况的信息。

电子、计算机和软件的发展提供了大容量存储和信息处理能力,使得振动分析在工业环境中得以应用。但是,深入了解测量设备的工作原理是必不可少的。根据振动理论和分析工具的理论需求,测量系统需要大量分析数据。这些因素的结合使得状态监测系统的应用成为可能。否则,这很容易成为“黑箱”模型,无法解释机械振动在不同机械系统中的原因和影响。

本书的撰写有两个主要目的:为维修工程师提供正确使用测量设备的必要工具,并向工程专业学生和工程师介绍振动分析在机器预防性维修中的实际应用。数学的发展突出了理解该理论的主要概念,并强调了振动理论的思想及其在预防性维修实践中的重要性。

通过本书,技术员和工程师们可以运用他们所学的知识解决实际监测机械设备的问题。同样,对于技术人员来说,从理论上支持他们关于机器和设备维修的观察与决策也是非常重要的。

目　录

第 1 章　机械振动基础 ………………………………………… 1

1.1　引言 ………………………………………… 1
1.2　自由振动 ………………………………………… 3
1.3　无阻尼振动 ………………………………………… 4
1.4　受迫振动 ………………………………………… 7
1.5　传递率 ………………………………………… 12
1.6　临界速率 ………………………………………… 13
1.7　具有两个或多个自由度的系统 ………………………………………… 15
1.8　连续系统 ………………………………………… 17

第 2 章　光谱分析 ………………………………………… 19

2.1　引言 ………………………………………… 19
2.2　信号类型 ………………………………………… 19
2.3　时域和频域 ………………………………………… 20
2.4　信号的能量含量 ………………………………………… 34

第 3 章　仪器 ………………………………………… 38

3.1　引言 ………………………………………… 38
3.2　数据处理程序 ………………………………………… 38
3.3　光谱分析仪 ………………………………………… 39
3.4　传感器 ………………………………………… 40
3.5　压电加速度计 ………………………………………… 40
3.6　速度传感器 ………………………………………… 46
3.7　涡流位移传感器 ………………………………………… 48

第 4 章　振动的原因和影响 ………………………………………… 51

4.1　监控工厂机械参数 ………………………………………… 51
4.2　不平衡原因 ………………………………………… 51
4.3　影响 ………………………………………… 63

第 5 章 对中和平衡方法 …… 67
5.1 引言 …… 67
5.2 对中 …… 68
5.3 平衡 …… 69
第 6 章 实际应用 …… 76
6.1 引言 …… 76
6.2 汽轮机 …… 76
6.3 减速机轴承 …… 77
6.4 减速机齿轮 …… 80
6.5 齿轮过度磨损 …… 82
6.6 钻头 …… 83
6.7 电机轴承 …… 86
6.8 电机-扇叶组件不平衡 …… 87
6.9 离心泵 …… 89
第 7 章 预防性维修计划实施指南 …… 92
7.1 引言 …… 92
7.2 监控路线的定义 …… 93
7.3 窄带选择 …… 94
7.4 倾向分析 …… 95
7.5 示例 …… 96
第 8 章 状态监测 …… 101
8.1 引言 …… 101
8.2 描述 …… 102
8.3 信号分析 …… 103
8.4 识别技术和状态指示器 …… 107
8.5 案例研究 …… 111
附录 …… 116
索引 …… 133

第1章 机械振动基础

1.1 引 言

对振动信号的分析是大多监测系统的基础。因此,了解振动的原因和其对机器或一组机器不同部件的影响是研究振动的基本内容。在设计和机械分析的背景下,这些振动运动称为机械振动或者振动。状态监测的本质是分析输入信号(振动源)和输出响应(输出信号)之间的关系,以及机器动态行为的演变。在大多数情况下,机器可以认为是一个线性系统,输出信号则是激振力的线性响应,当然,在其他章节中还有一些特殊情况需要分析。虽然机器是由大量机械元件组成的复杂系统,但它的动态响应可以表示为一个简单的集中质量系统。

本书提出的方法强调了机械振动的基本概念及其相应的数学发展。有许多优秀的教科书专门研究机械振动,并提出了不同情况下运动方程的求解方法,我们从这些教科书中总结了机械振动的基本概念。本书介绍的内容旨在让读者理解状态监测系统应用的基础,并解释机械诊断。

同时,本书在振动的实践和经验研究与机械振动理论的基本概念之间建立了联系,本章介绍的概念将使维修工程师能够分析和预测机器运行中振动的原因和影响。

在本章介绍的概念中,机械振动的定义分为确定性振动和随机振动。确定性振动代表有规律的运动,其波形可以准确地确定,并能重复出现;而随机振动则不会按照规律进行重复。本章介绍的机械振动研究基于确定性的原理,认为运动是谐波的,即它在时间上有规律地重复。

在状态监测的振动分析中,经常会遇到随机振动。通过频谱分析技术,我们可以应用谐波振动的定义概念来研究随机信号。

为了分析振动现象,我们需要描述运动,以便确定振动的特征是确定性的还是随机的。机器最简单的表现是将其振动理想化为一个由弹簧和黏滞阻尼器支撑的运动质量(图1.1)。质量可视为单个质点,弹簧可视为符合胡克定律的元件,其中,k 是弹簧的刚度系数,m 是质量,黏性常数是该运动的阻尼。弹簧振动产生的力由 $F=kx$ 给出,其中,x 是质量 m 的位移。阻尼器产生的力由 $F=cv$ 给出,其中,c 是阻尼系数,v 是质量 m 运动的速度。该运动系统的外力由 $F(t)$ 表示,施加在由质量、弹簧和阻尼器构成的机械系统上。

通过牛顿第二定律 $F=ma$ 和作用在质量 m 上的力的总和,可得到运动方程。在这种情况下,作用力如图1.2所示,则有

$$-kx-cv+F(t)-mg+F_{est}=ma \tag{1.1}$$

式中,F_{est} 是质量 m 产生的力;g 是重力加速度;a 是系统产生的加速度。

式(1.1)可简化为

$$ma+kx+cv=F(t) \tag{1.2}$$

考虑

$$v=\lim\left(\frac{\Delta x}{\Delta t}\right)\Delta t\rightarrow 0;\frac{dx}{dt}=\dot{x}$$

$$a=\lim\left(\frac{\Delta v}{\Delta t}\right)\Delta t\rightarrow 0;\frac{dv}{dt}=\frac{d^2x}{dt^2}=\ddot{x}$$

运动方程为

$$m\ddot{x}+c\dot{x}+kx=F(t) \tag{1.3}$$

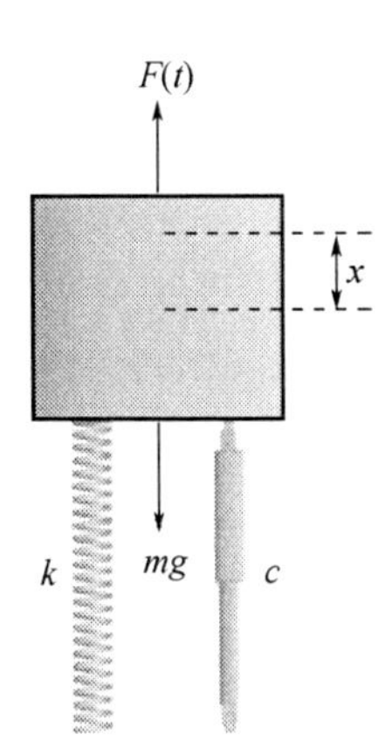

图 1.1　振动系统的概念模型

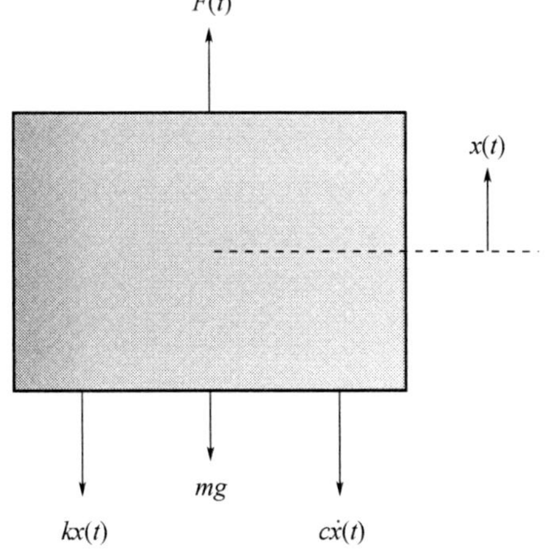

图 1.2　振动系统上作用力的表示

式(1.3)是带有强迫振动和阻尼的单自由度运动方程。"自由度"指的是定义一个机械元件的运动学所必需的最小数量坐标。在这种情况下,只需要知道位移 x,就可以确定质量 m 的位置,因此系统有一个自由度。

二阶微分方程的解由齐次解和特解组成。齐次解代表自由振动运动,特解对应质量的强迫振动。

根据振荡频率(f)和振幅(x)定义运动方程,获得质量 m 的振荡运动特征。

振荡频率是单位时间内运动重复的次数,其振幅是最大位移的大小。

根据前面公式可以推断出 $f=n/t$,其中,n 是在一个时间区间 t 内完成的周期数,如果 $n=1$,则 $t=T$ 是振荡周期,即 $f=1/T$,以周期/秒(cycle/s)或赫兹(Hz)表示。由于简谐振动有规律地重复,它可以用图 1.3 来表示。从图中可以看出,要完成一个周期运动,周期必须是 $T=2\pi/\omega$,在这个表达式中,ω 是角频率,即单位时间内通过矢量 $\boldsymbol{A}$ 的角度。考虑到前文所述,ω 和 f 之间的关系由 $\omega=2\pi f$ 给出。

考虑到运动开始(x_0,y,v_0)时的振幅和速度值(这些值通常称为初始条件),相位角可以定义为 $\varphi=\arctan(v_0/x_0\omega)$。

图 1.4 显示了非周期信号和随机信号(无明显顺序)中定义峰值振幅、峰峰值、平均值和均方根(RMS)的参考点。

峰值表示振动的端到端总位移。例如,当机器零件中的最大力以最大振幅呈现时,需要使用该值。峰值可用于指示短期影响,无须考虑振动的轨迹。当需要知道振动的平均值时,使用下面的表达式:

$$x_{\text{prom}} = \frac{1}{T}\int_0^T x\mathrm{d}t \tag{1.4}$$

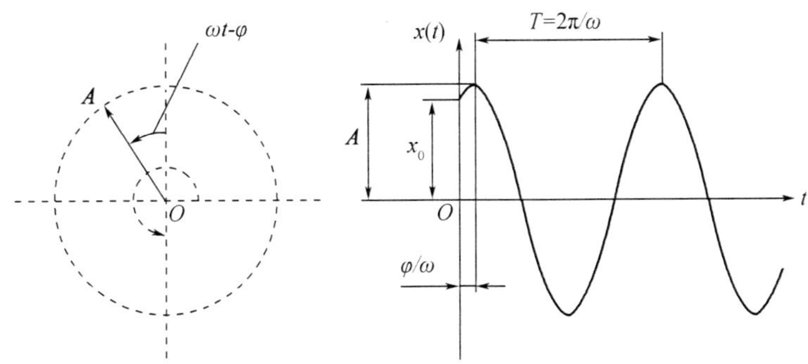

图 1.3 谐波振荡表示

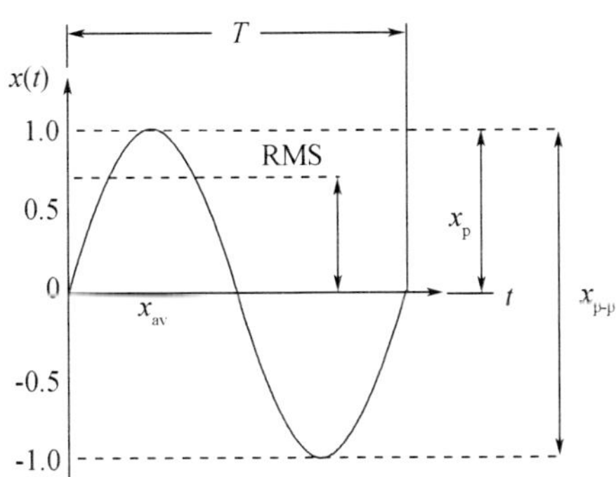

图 1.4 振动信号的峰值振幅、峰峰值、平均值和均方根的定义

由于正弦函数的平均值总是零,因此它的值对于振动信号的分析影响最小,并且对于状态监测系统无影响。正弦信号的平均幅度还有另一种度量方式,即均方根,其计算公式如下:

$$x_{\text{RMS}} = \left(\frac{1}{T}\int_0^T x^2\mathrm{d}t\right)^{\frac{1}{2}} \tag{1.5}$$

这个公式与振动在时间上的估计以及振动波的能量含量有关。对于单位振幅的正弦波,均方根值为峰值振幅的 0.707 倍。

机械振动最简单的情况是质点无阻尼的自由振动。

1.2 自由振动

假设有一个无阻尼运动,没有外部激励,则其运动方程的形式为 $m\ddot{x}+kx=0$,即

$$\ddot{x} + \omega_{\text{n}}^2 = 0 \tag{1.6}$$

式中

$$\omega_{\text{n}} = \sqrt{\frac{k}{m}} \tag{1.7}$$

ω_n 为固有频率,是在施加最小激励能量和无阻尼的激励后,质量 m 的振荡频率。

该微分方程的解如下:

$$x(t) = \alpha e^{\lambda t} \tag{1.8}$$

使用欧拉数,这个方程的解可以转化为

$$x = x_0 \cos(\omega_n t + \varphi) \tag{1.9}$$

式中,x_0 和 φ 取决于初始条件。

当 $t=0, x=x_0, \dot{x}=\dot{x}_0$ 时,则

$$\tan \varphi = -\frac{\dot{x}_0}{x_0 \omega_n} \tag{1.10}$$

可以看出,振动系统的自由运动是平稳的。

固有频率是振动系统的一个基本特性,在没有阻尼的情况下,固有频率等于共振频率。因此,在调节监测系统中,这是一个可以通过振动测量确定的基本参数,因为机器中出现的大多数振动效应都与固有频率有关。尽管机器的运行条件偏离了固有频率,但它决定了机器的振幅响应。

1.3 无阻尼振动

系统的阻尼设为 $c\dot{x}$,其中,c 是阻尼系数,$\dot{x}$ 是位移速度。再次观察图 1.3,可得力的合成公式为

$$m\ddot{x} + c\dot{x} + kx = 0 \tag{1.11}$$

将其改写为

$$\ddot{x} + \left(\frac{c}{m}\right)\dot{x} + \left(\frac{k}{m}\right)x = 0 \tag{1.12}$$

使用以下定义:

$$\frac{k}{m} = \omega_n^2 \tag{1.13}$$

$$\xi = c/2m\omega_n \tag{1.14}$$

式中,ξ 为阻尼系数(此定义来源于二阶微分方程的解,也称为临界阻尼系数),则运动方程可以改写为

$$\ddot{x} + 2\xi\omega_n^2\dot{x} + \omega_n^2 x = 0 \tag{1.15}$$

这个方程的解取决于阻尼系数 ξ 及初始条件 $x(0)$ 和 $\dot{x}(0)$ 的值。根据阻尼系数 ξ 的大小,方程的解可分为三种情况:过阻尼($\xi>1$)、欠阻尼($\xi<1$)和临界阻尼($\xi=1$)。

如果位移和初始速度分别为 $x(0)=0$ 和 $\dot{x}(0)=v_0$,则过阻尼情况下方程的解为

$$x(t) = \frac{v_0}{(\xi^2-1)^{1/2}\omega_n} e^{-\xi\omega_n t} \sin h[(\xi^2-1)^{1/2}\omega_n t] \tag{1.16}$$

图 1.5 展示了方程的解随初始速度、固有频率和阻尼系数变化的情况。

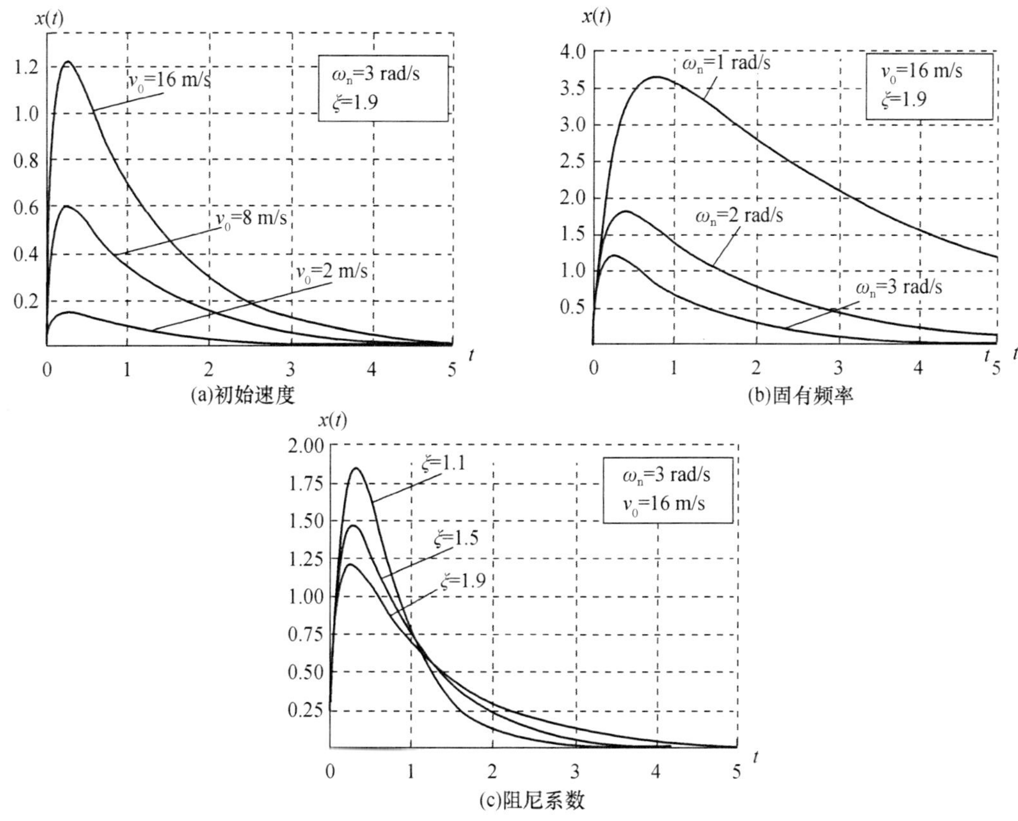

图 1.5 不同初始速度、固有频率和阻尼系数下的过阻尼振动变化

图 1.6 展示了临界阻尼状况下方程 $x(t)=v_0te^{-\omega_nt}$ 的解的变化情况(此解是特征多项式有两个相同根的二阶微分方程的解的特殊情况,也称为临界阻尼条件),图 1.6(a)展示了系统在不同初始速度下的响应情况,图 1.6(b)展示了具有不同固有频率的不同系统的响应情况。

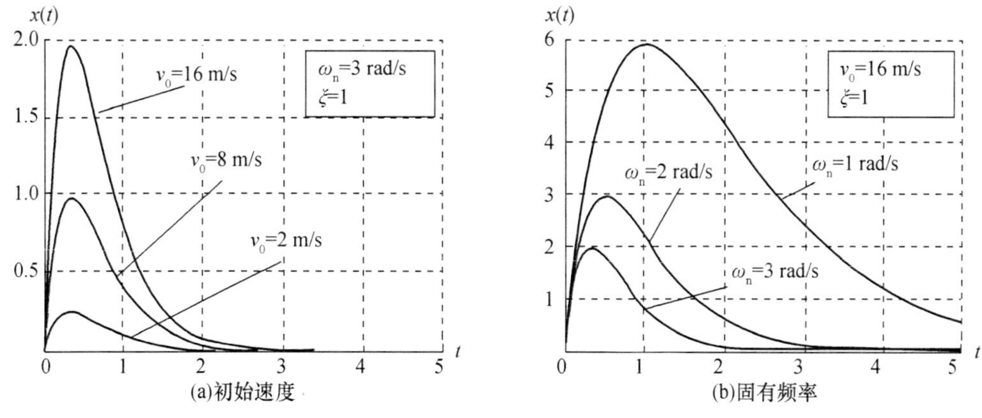

图 1.6 典型初始速度和固有频率下的临界阻尼振动变化

对于过阻尼状态：

$$x(t)=\left(\frac{v_0}{\omega_d}\right)e^{-\xi\omega_n t}\sin(\omega_d t) \tag{1.17}$$

式中

$$\omega_d=\omega_n\sqrt{1-\xi^2} \tag{1.18}$$

ω_d 为阻尼振荡角频率，其值随着系统阻尼系数的增加而减小。

这个解是通过求解特征多项式具有两个复数根的二阶微分方程得到的，是最常用的解法，因为它能够表示机械系统中大部分的动态问题。图 1.7 展示了不同初始速度、不同阻尼系数、不同系统参数（不同固有频率）下方程解的变化情况。

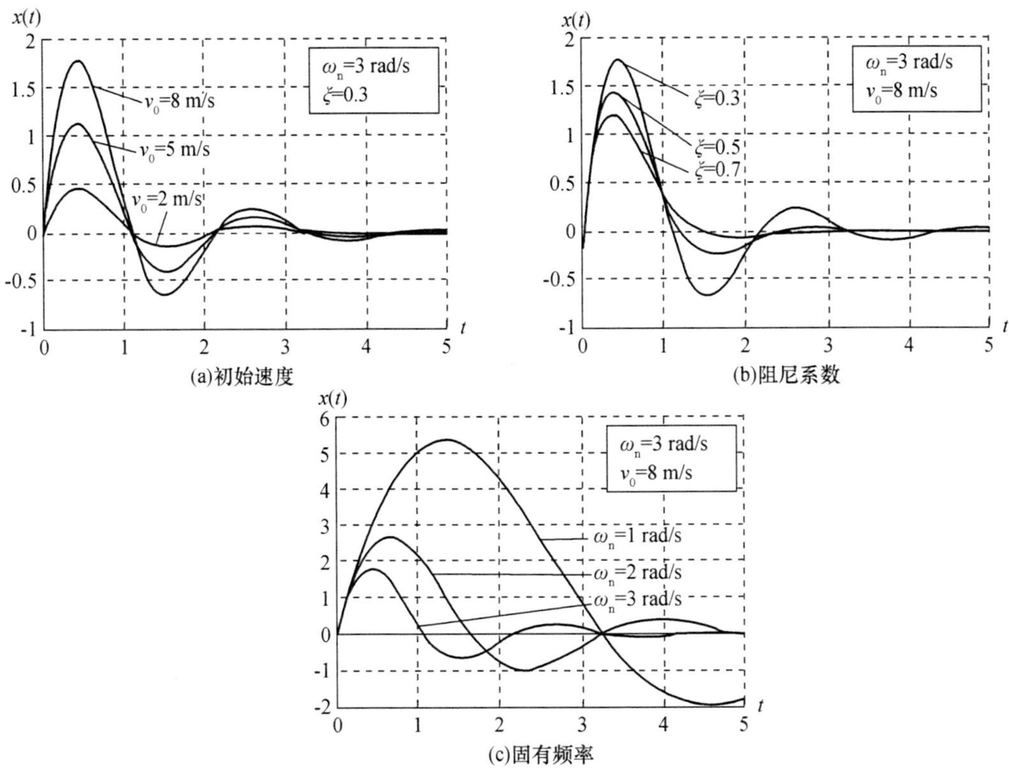

图 1.7　典型初始速度、阻尼系数和固有频率值下的无阻尼振动响应情况

上述方程的推导对求解系统参数是十分必要的。一个机械系统的动态响应可以通过锤子敲击设备并使用加速度计测量振动获得。测试的结果与图 1.7 中展示的相似。通过分析响应可以评估动态参数，首先确定对数减幅系数来求解 ξ。图 1.8 展示了对数减幅系数的概念——通过观察连续两个周期振幅的减小情况，可以估计系统的阻尼情况。考虑无阻尼振动响应中两个连续周期的任意一个表达式 $x(t)$，如果发生在时间 t_1 和 t_1+T 之间，则可建立如下关系式：

$$\frac{x_1}{x_2}=\frac{e^{-\xi\omega_n t_1}}{e^{-\xi\omega_n(t_1+T)}}=e^{\xi\omega_n T} \tag{1.19}$$

则

$$\ln \frac{x_1}{x_2} = \xi\omega_n T = \delta \tag{1.20}$$

式中,δ 为对数减幅系数。

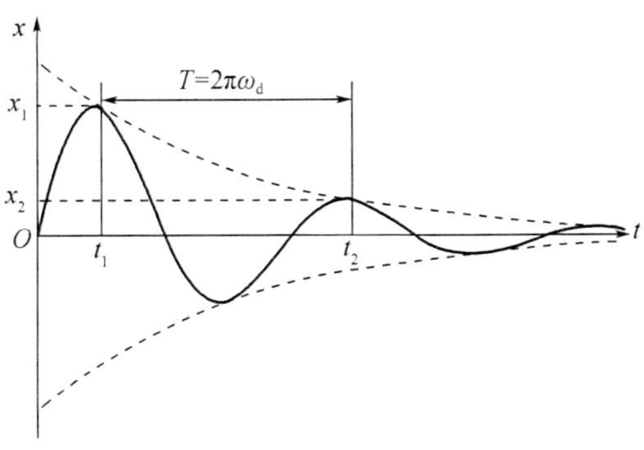

图 1.8 对数衰减

对于无阻尼振动,ω_n 被替换为 $\omega_n=\omega_d/\sqrt{1-\xi^2}$,另由 $T=2\pi\omega_d$,可以建立如下关系式:

$$\xi = \frac{\delta}{\sqrt{(2\pi)^2 + \delta^2}} \tag{1.21}$$

通过对数减幅系数可以从上述表达式中明确阻尼系数,因此测量连续两个周期的振幅代入上述表达式可求得系统阻尼。此外,由 $\xi=c/2m\omega_n$ 还可以得到阻尼系数 c。需要强调的是,系统阻尼系数的值只取决于阻尼器,而阻尼因子则由机械系统的参数确定。

1.4 受迫振动

每台机器都会受到与各个组件的工作条件和机械配置相关的外部激励影响。对于条件监测系统而言,这种特性提高了在组件级别上预测故障的能力。因此,深入了解机械系统对外部激励的响应是非常重要的。最简单的系统是单自由度的质量——弹簧系统(单自由度振子的简单线性摆具有相同的动态响应),最具说明性的情况是当激励力以简谐激励的形式表示。下面介绍单自由度系统对谐波激励的响应。机械振动研究的一个重要部分是了解系统对外部激励的响应。就机器而言,这种振动激励主要来自供给机器运行所使用的电机的动力。这意味着一旦机器启动,受迫振动就会发生。然而,完全消除这些振动是不可能的,因为工业条件下发动机的运行本身就受其组件的变化、公差、失配、不平衡、电力供应变化和零件磨损等影响,换句话说,有无数的原因影响机械振动。因此,我们的目标是将这些振动保持在可容忍的水平上。通过振动监测进行预测性维护的目的是在超过正常运行参考程度之前,识别所有引起受迫振动可容忍程度变化的源头。

本书研究了单自由度振动系统对谐波激励的响应,这为在机械中研究受迫振动的频谱分析应用提供了基础。

前面的章节介绍了齐次方程 $m\ddot{x}+c\dot{x}+kx=0$ 的解,引出了系统对外部激励的响应的概念。需要注意的是,非齐次方程 $m\ddot{x}+c\dot{x}+kx=F(t)$ 的完全解是齐次方程的解(又称为瞬态解)与非齐次方程的解(又称为稳态解)的和,稳态解将随着激励力 $F(t)$ 的存在而存在。

在图 1.4 中,通过力的叠加得到运动方程:

$$m\ddot{x} + c\dot{x} + kx = F(t) \tag{1.22}$$

根据此方程,外部激励力 $F(t)$ 以谐波的方式使刚度系数为 k 的弹簧发生位移,激励力始终与刚度系数成正比,因此可以表示为

$$F(t) = kf(t) = kA\cos(\omega t) \tag{1.23}$$

式中,$f(t)$ 是振幅为 A、频率为 ω 的外部力的位移函数,将其除以 m,并考虑前面章节中建立的 c/m 和 k/m 的关系式,可以得到运动方程:

$$\ddot{x} + 2\xi\omega_n\dot{x} + \omega_n^2 x = \omega_n^2 A\cos(\omega t) \tag{1.24}$$

对于简谐运动,假设该方程的解为

$$x(t) = X\cos(\omega t - \varphi) \tag{1.25}$$

其近似可以从具有谐波函数的二阶微分方程的特解中得到。这个证明超出了本章的范围。式中,X 是对力 $F(t)$ 的响应的振幅;φ 是施加力和系统位移之间的相位角。相位角还表示激励信号和响应信号之间的时间延迟。这个性质的重要性将在后面进行讨论,它可用于区分具有相同激励频率但具有不同响应的两个信号。对 $x(t)$ 求一阶、二阶导数,得到 $\dot{x}(t)$ 和 $\ddot{x}(t)$,将其代入运动方程并求解,可以得到输入振幅 A 的输入信号 $F(t)$ 和输出振幅 X 的输出信号 $x(t)$ 之间的振幅关系,表达式如下:

$$\frac{X}{A} = \frac{1}{\sqrt{\left[1 - \left(\frac{\omega}{\omega_n}\right)^2\right]^2 + \left(2\xi\frac{\omega}{\omega_n}\right)^2}} = |H(\omega)| \tag{1.26}$$

式中,$|H(\omega)|$ 称为放大因子或激励力与动态响应之间的传递函数。

图 1.9 展示了相位角的概念,揭示了信号 $f(t)$ 和 $x(t)$ 之间的周期 $\left(T=\frac{2\pi}{\omega_n}\right)$ 和相位 $\left(t=\frac{\varphi}{\omega}\right)$。因此,该情况下输入激励力 $F(t)$ 和输出位移 $x(t)$ 之间的相位角由下式给出:

$$\varphi = \arctan\left[\frac{2\xi\frac{\omega}{\omega_n}}{1 - \left(\frac{\omega}{\omega_n}\right)^2}\right] \tag{1.27}$$

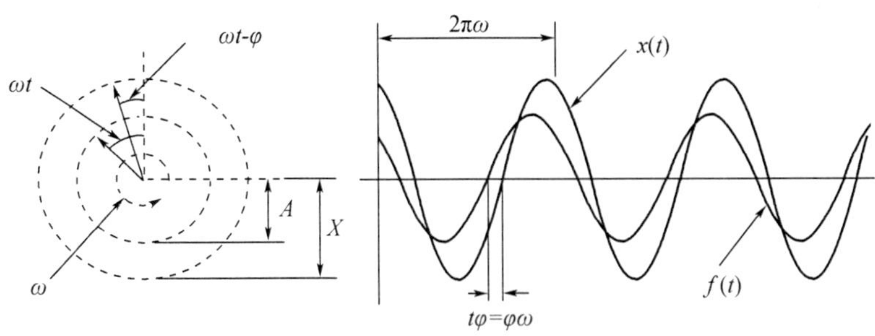

图 1.9　激励力和输出位移之间的相位角

图 1.10 展示了在不同阻尼系数 ξ 下振幅比 $\frac{X}{A}=|H(\omega)|$ 与频率比 $\left(\frac{\omega}{\omega_n}\right)$ 之间的关系；图 1.11 展示了在不同阻尼系数 ξ 下相位角随频率比的变化情况。这种分析对于理解激励力在机器组件内的传递特性大有裨益。

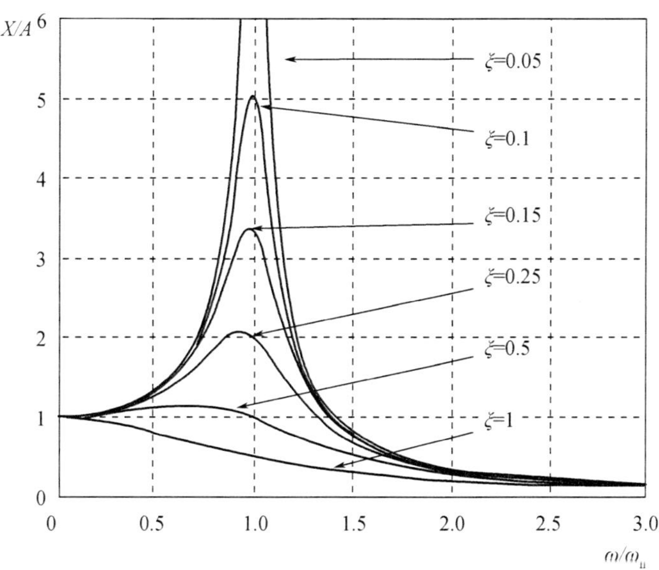

图 1.10　振幅比与频率比之间的关系

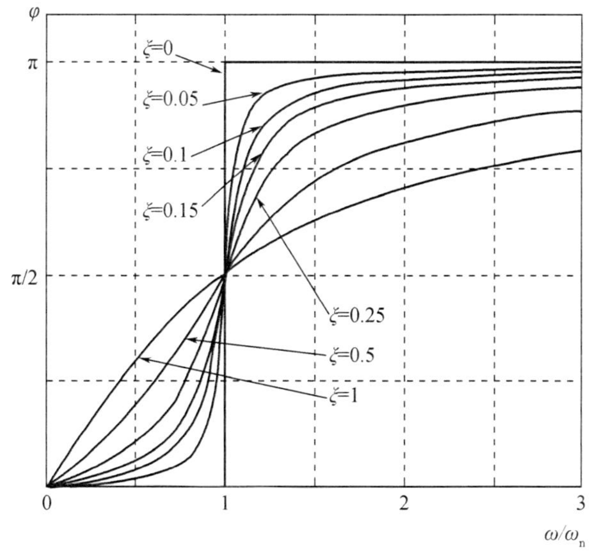

图 1.11　相位角与频率比之间的关系

在前面的情况中，假设系统的基座是固定的。如果考虑基座的谐波运动，系统可以用图 1.12 所示的方案表示。其中，基座的位移和速度由 $x_b(t)=A_1\cos(\omega t)$ 和 $\dot{x}_b(t)=-A_1\omega\sin(\omega t)$ 给出。基于此，运动方程可以表示为

$$\ddot{x} + 2\xi\omega_n\dot{x} + \omega_n^2 x = \omega_n^2 x_b + 2\xi\omega_n\dot{x}_b \tag{1.28}$$

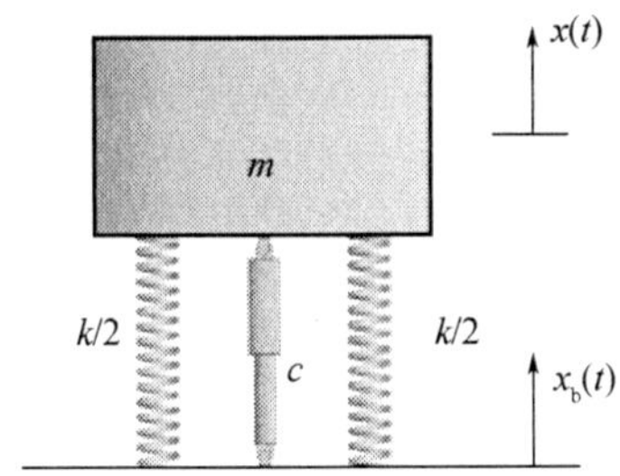

图 1.12　考虑基座运动的振动系统

与前一节中所讨论的情况类似,这个方程的解也具有以下形式:

$$x(t) = X_1\cos(\omega t - \varphi_1) \tag{1.29}$$

如果基座具有谐波激励,则振幅之间的关系称为传递函数,并且可以表示为

$$\frac{X_1}{A_1} = |H(\omega)|\sqrt{1 + \left(2\xi\frac{\omega}{\omega_n}\right)^2} \tag{1.30}$$

相位角为

$$\varphi_1 = \arctan\left[\frac{2\xi\left(\dfrac{\omega}{\omega_n}\right)^3}{1 - \left(\dfrac{\omega}{\omega_n}\right)^2 + \left(2\xi\dfrac{\omega}{\omega_n}\right)^2}\right] \tag{1.31}$$

传递函数与物体 m 作用在固定基座上的力有关,物体 m 也会受到 $F_0(t) = F_0\cos(\omega t)$ 的谐波反作用力。

图 1.13 和图 1.14 分别展示了不同阻尼系数下振幅比和相位角的变化情况。这种分析视为机器对其基座力的传递。也就是说,如果机器受到的激励力是 $F_0(t) = F_0\cos(\omega t)$,则传递力($F_{tr}$)与作用在基座上的力($F_0$)之间的关系可以表示为

$$\frac{F_{tr}}{F_0} = \frac{X_1}{A_1} = |H(\omega)|\sqrt{1 + \left(2\xi\frac{\omega}{\omega_n}\right)^2} \tag{1.32}$$

事实上,在工业环境下,由于制造缺陷、零部件磨损以及与其他机器通过底座的相互作用,完全消除电机运行产生的振动是不可能的。以不平衡电机为例,在运行时交替力通过轴传递到地基。为了分析这种情况,考察图 1.15 所示的系统是十分必要的。该系统包括一个质量为 M 的电机,在其基座上有一个支撑结构,由刚度系数 k 和阻尼系数 c 定义。如果考虑系统的不平衡是由一个质量为 m_0 的物体引起的,该物体是 M 的一部分,并且绕电机的旋转轴以 e 为半径旋转,那么可以确定,在径向上产生的不平衡力 $F(t) = m_0\omega^2 e\cos(\omega t)$。

在这种情况下,忽略了产生水平方向上不平衡力的横向运动。如果需要,可以在水平方向上进行类似电机垂直方向的处理。

根据 $F_0 = m_0\omega^2 e$,由于不平衡导致的传递力与表现力之间的关系为

$$F_{tr}/(m_0\omega^2 e) = |H(\omega)|\sqrt{1 + \left(2\xi\frac{\omega}{\omega_n}\right)^2} \tag{1.33}$$

需要注意的是,F_0 并不是恒定的,而是取决于频率 ω,该频率是电机转轴的角速度。将

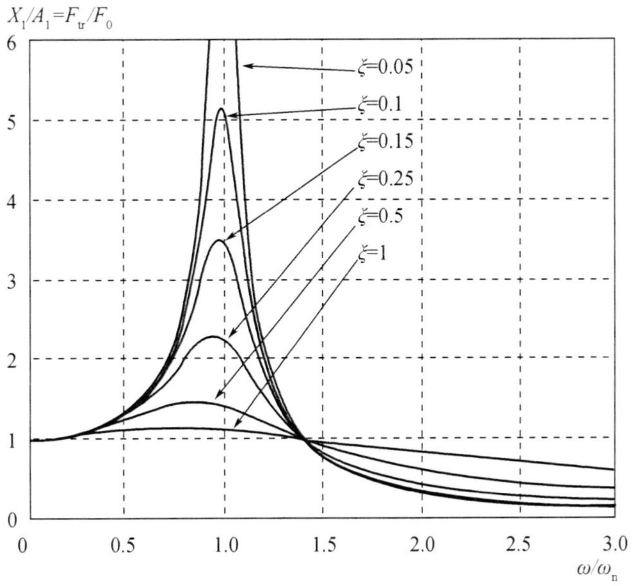

图 1.13 考虑基座的谐振运动,振幅比随频率比的关系

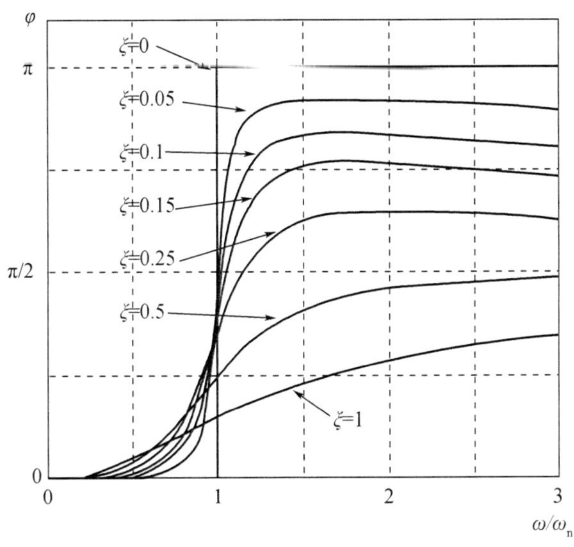

图 1.14 考虑基座的谐振运动,相位角与振幅之间的关系

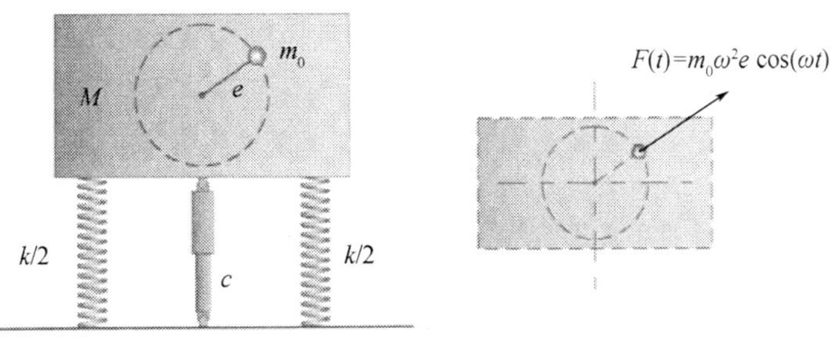

图 1.15 垂直方向上向基座传递交变载荷电机模型

式(1.33)两边除以 $m_0\omega^2 e$,可以得到归一化传递力 F_{tr} 的关系式,该关系式是相对于传输到固有频率的传递力进行归一化的,也就是说,当电机转轴以其固有频率旋转时传输的力。因此,前述关系可以表示为

$$F_{tr}/(m_0\omega^2 e)=\left(\frac{\omega}{\omega_n}\right)^2|H(\omega)|\sqrt{1+\left(2\xi\frac{\omega}{\omega_n}\right)^2} \tag{1.34}$$

图 1.16 展示了最大传递力 F_{trMAX} 随频率比$\dfrac{\omega}{\omega_n}$的变化情况。从图中可以看出,在共振情况下,即$\dfrac{\omega}{\omega_n}$接近于 1 并且阻尼系数 ξ 等于 0 时,传递力将趋向于无穷大。值得注意的是,阻尼系数越小,传递力越大。

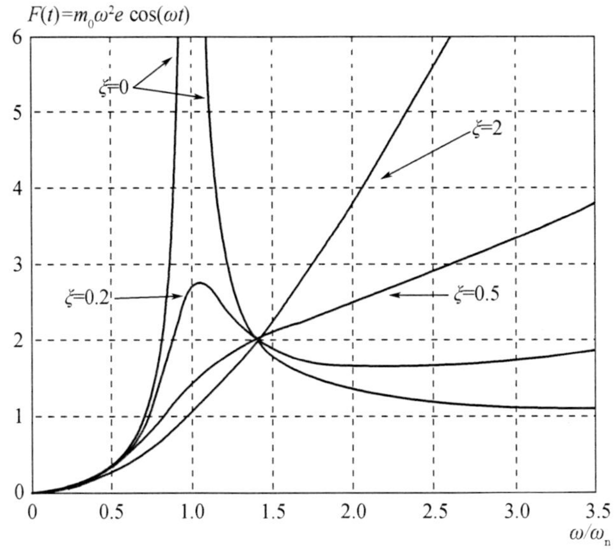

图 1.16　最大传递力随频率比的变化

然而,随着阻尼系数 ξ 进一步增大,传递力将随频率增加而增加,这表明需要详细扎实地分析每个机械的振动问题。在许多情况下,增加机器的阻尼系数不仅不能解决振动问题,反而会加剧问题的严重程度。

1.5　传　递　率

前一节的定义为机器支撑和减振器的设计提供了坚实的基础。举例来说,在设计减振器时,必须准确确定其刚度和阻尼系数。为了得到这些关键值,需要从传递率函数(T_f)中识别并确定某些设计参数,这些参数对于优化减振器的性能至关重要。

定义

$$T_f=\sqrt{\frac{1+4\xi^2\left(\dfrac{\omega}{\omega_n}\right)^2}{\left[1-\left(\dfrac{\omega}{\omega_n}\right)^2\right]^2+4\xi^2\left(\dfrac{\omega}{\omega_n}\right)^2}} \tag{1.35}$$

在这种情况下,建立透射率值与特定频率之间的关联至关重要。图 1.17 清晰地展示了透射率与$\frac{\omega}{\omega_n}$之间的关系。传导率虽不为零,但可以小于 1。通过观察图 1.17,发现$\frac{\omega}{\omega_n}>\sqrt{2}$。一旦确定了设计条件并选定了材料特性,吸收器的几何形状便可随之确定。为了更深入地理解激励力对设备转速的影响,需引入临界速率的概念进行进一步探讨。

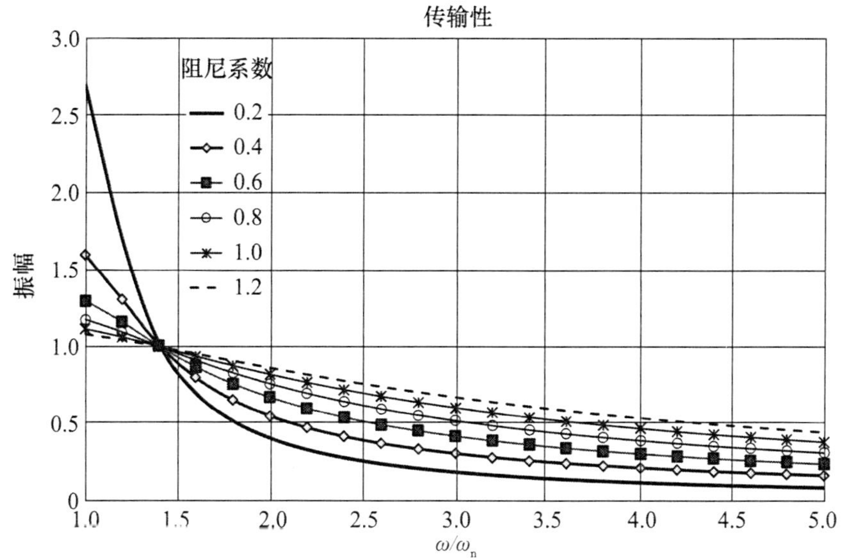

图 1.17 传递率随激励频率的函数变化

1.6 临界速率

在振动理论中,转子临界转速是旋转机械分析中的一个核心概念。当转子在某一特定速度下运行时,其振动振幅达到最大值,这一速度对应于转子的固有频率。当转子的角频率等于其固有频率时,称转子达到了临界转速,此时转子处于共振状态。为确保机器稳定运行,其工作速度必须远离临界速度。如果工作速度与临界速度接近,将引发振幅显著增大的振动,可能导致旋转部件之间发生摩擦,并将有害的力传递给整个机器。

在本节中,只考虑一种非均匀质量分布,并假设转子的质量分布集中于轴承间隙中心,系统圆盘的质量分布可以忽略不计,如图 1.18 所示。在这个系统中,系统 G 的中心与圆盘的几何中心 A 不匹配,导致了不平衡。距离 AG 称为偏心率(e),平衡位置的旋转中心为 O。

假设系统以角速度 ω 旋转,所有阻尼力与圆盘几何中心的速度成正比,轴承是完全刚性的,则可以得到阻尼力 $\boldsymbol{F}_a$ 和弹性力 $\boldsymbol{F}_e$ 的表达式:

$$\boldsymbol{F}_a=\begin{bmatrix}-c\dot{x}\\-c\dot{y}\end{bmatrix};\quad \boldsymbol{F}_e=\begin{bmatrix}-kx\\-ky\end{bmatrix} \tag{1.36}$$

在 xy 平面上,圆盘如图 1.19 所示,表示了作用力相对于几何中心的相位角。考虑强迫振动部分的建立,可以确定运动方程为

$$m\ddot{x}_A+c\dot{x}_A+kx_A=me\omega^2\cos(\omega t) \tag{1.37}$$

$$m\ddot{y}_A + c\dot{y}_A + ky_A = me\omega^2\sin(\omega t) \tag{1.38}$$

有

$$x_A = \frac{me\omega^2\cos(\omega t - \varphi)}{\sqrt{(k - m\omega^2)^2 + (c\omega)^2}};\quad y_A = \frac{me\omega^2\sin(\omega t - \varphi)}{\sqrt{(k - m\omega^2)^2 + (c\omega)^2}} \tag{1.39}$$

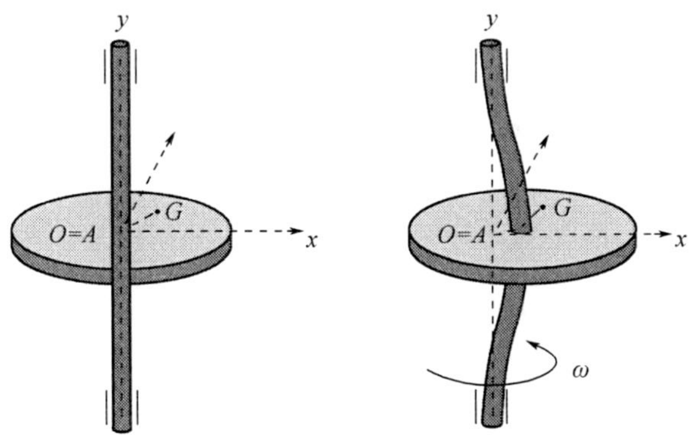

图 1.18　考虑系统质量集中在轴承间隙中心的圆盘旋转系统

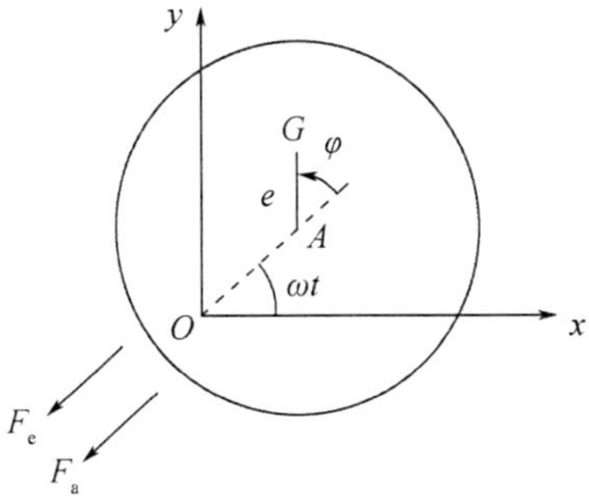

图 1.19　图 1.18 所示圆盘的平面

从前面的关系中，径向位移作为固有频率的函数，可以看出

$$\overline{OA} = \frac{e\left(\frac{\omega}{\omega_n}\right)^2}{\sqrt{\left[1 - \left(\frac{\omega}{\omega_n}\right)^2\right]^2 + \left(2\xi\frac{\omega}{\omega_n}\right)^2}} \tag{1.40}$$

相位角为

$$\varphi = \arctan\left[\frac{2\xi\left(\frac{\omega}{\omega_n}\right)}{1 - \left(\frac{\omega}{\omega_n}\right)^2}\right] \tag{1.41}$$

根据前面的表达式，O、A、G 点的相对位置有三种情况：当 $\omega<\omega_n$ 时，$\varphi<90°$；当 $\omega=\omega_n$ 时，$\varphi=90°$；当 $\omega>\omega_n$ 时，$\varphi>90°$。

当运行角速度高于临界速度时，质心 G 会以与旋转中心 O 相同的角速度进行旋转。在部分机器中,运行速度会超过固有频率,这意味着在机器的启动和停止过程中,机器会经历共振现象。如果机器的角速度接近临界速度,将产生振幅极大的振动。然而,只要机器以足够快的速度通过这一临界值,振动的振幅就不会达到危险的水平。临界角速度也称为旋速。稳定状态发生在

$$\dot{\varphi} = \omega \tag{1.42}$$

对此方程积分得

$$\varphi = \omega t - \varphi \tag{1.43}$$

1.7　具有两个或多个自由度的系统

回顾自由度的定义,理解图 1.20 所示振动系统的运动,关键在于掌握 $x_1(t)$ 和 $x_2(t)$ 的变化情况。该系统具有两个自由度,对应两个共振条件,即存在两个固有频率。在旋转系统中,这通常意味着存在两个临界速度。在每个共振条件下,系统会按照特定的方式振荡,这种特定的振荡方式称为振动模式。一个双自由度的系统,在其每个固有频率上都会呈现出两个振动模式。这些振动模式是系统在达到各自共振频率时所呈现出的特定配置。模态获取是通过解析基本运动方程的特征向量来完成的。

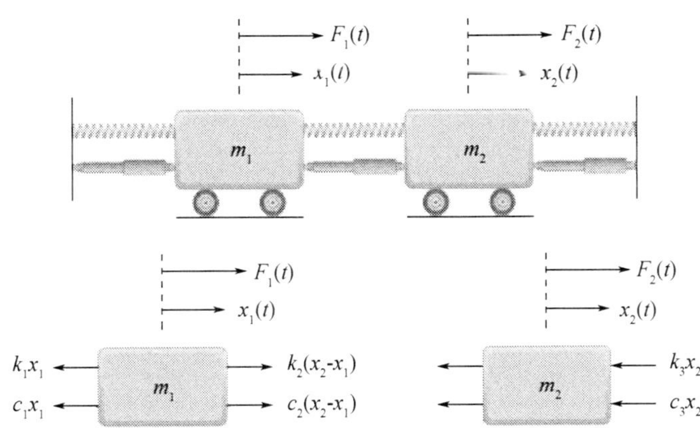

图 1.20　双自由度振动系统

双自由度振动系统的研究可以进一步拓展至具有多个自由度的系统。系统的固有频率和振动模态的数量与其自由度数目相等。通常而言,系统的自由度等于其质点的数目。对于拥有 n 个自由度的系统,其运动方程构成了一个常微分方程组,这意味着一个物体的运动会受到其他物体运动的影响。恰当地选择参考系并建立主坐标或自然坐标,能够使系统的微分方程变得相互独立,并且具有与单自由度系统相似的结构。同样,叠加原理也适用于分析振动系统的每个模态,可以独立地分析每个模态,然后将其影响叠加起来,以全面了解系统的总响应。

下面是建立双自由度振动系统运动方程的一般方法。对于图 1.20 所示的系统,质量上的力之和为

$$F_1(t) - c_1\dot{x}_1 - k_1x_1 + c_2(\dot{x}_2 - \dot{x}_1) + k_2(x_2 - x_1) = m_1\ddot{x}_1 \tag{1.44}$$

$$F_2(t) - c_2(\dot{x}_2 - \dot{x}_1) - k_2(x_2 - x_1) - c_3\dot{x}_2 - k_3x_2 = m_2\ddot{x}_2 \tag{1.45}$$

整理得

$$m_1\ddot{x}_1 + (c_1 + c_2)\dot{x}_1 - c_2\dot{x}_2 + (k_1 + k_2)x_1 - k_2x_2 = F_1 \tag{1.46}$$

$$m_2\ddot{x}_2 - c_2\dot{x}_1 + (c_2 + c_3)\dot{x}_2 - k_2x_1 + (k_2 + k_3)x_2 = F_2 \tag{1.47}$$

在矩阵中：

$$\begin{bmatrix} m_1 & 0 \\ 0 & m_2 \end{bmatrix}\begin{bmatrix} \ddot{x}_1 \\ \ddot{x}_2 \end{bmatrix} + \begin{bmatrix} c_1 + c_2 & -c_2 \\ -c_2 & c_2 + c_3 \end{bmatrix}\begin{bmatrix} \dot{x}_1 \\ \dot{x}_2 \end{bmatrix} + \begin{bmatrix} k_1 + k_2 & -k_2 \\ -k_2 & k_2 + k_3 \end{bmatrix}\begin{bmatrix} x_1 \\ x_2 \end{bmatrix} = \begin{bmatrix} F_1 \\ F_2 \end{bmatrix} \tag{1.48}$$

定义$\begin{bmatrix} m_1 & 0 \\ 0 & m_2 \end{bmatrix}=\boldsymbol{m}$ 作为质量矩阵，$\begin{bmatrix} c_1+c_2 & -c_2 \\ -c_2 & c_2+c_3 \end{bmatrix}=\boldsymbol{c}$ 作为阻尼矩阵，$\begin{bmatrix} k_1+k_2 & -k_2 \\ -k_2 & k_2+k_3 \end{bmatrix}=\boldsymbol{k}$ 作为刚度矩阵，$\begin{bmatrix} x_1 \\ x_2 \end{bmatrix}=\boldsymbol{x}$ 和 $\begin{bmatrix} F_1 \\ F_2 \end{bmatrix}=\boldsymbol{F}$ 分别作为位移矢量和力矢量，运动方程为

$$\boldsymbol{m}\ddot{\boldsymbol{x}} + \boldsymbol{c}\dot{\boldsymbol{x}} + \boldsymbol{k}\boldsymbol{x} = \boldsymbol{F} \tag{1.49}$$

根据该矩阵方程，可以分析有阻尼或无阻尼的自由振动和受迫振动情况。这个常微分方程组的求解过程涉及较为复杂的数学方法，具体内容超出了本书的讨论范围。不过，在本书末尾提供的参考文献中，读者可以找到相关内容的详细解释。接下来，将介绍振动理论的基本概念及其在预测性维护中的正确应用，特别是针对具有三个自由度的系统，在无阻尼自由振动情况下的分析。

考虑图 1.21 所示的三个自由度系统，其中，运动坐标表示为 θ_1、θ_2 和 θ_3，并假设三个质量 m 相等，弹簧的刚度系数为 k。此时，运动方程为

$$\ddot{\boldsymbol{\theta}} + \boldsymbol{D}\boldsymbol{\theta} = \boldsymbol{0} \tag{1.50}$$

$$\boldsymbol{D} = \begin{bmatrix} \frac{g}{l} + \frac{k}{m} & -\frac{k}{m} & 0 \\ -\frac{k}{m} & \frac{g}{l} + 2\frac{k}{m} & -\frac{k}{m} \\ 0 & -\frac{k}{m} & \frac{g}{l} + \frac{k}{m} \end{bmatrix}, \boldsymbol{\theta} = \begin{bmatrix} \theta_1 \\ \theta_2 \\ \theta_3 \end{bmatrix}, \ddot{\boldsymbol{\theta}} = \begin{bmatrix} \ddot{\theta}_1 \\ \ddot{\theta}_2 \\ \ddot{\theta}_3 \end{bmatrix}$$

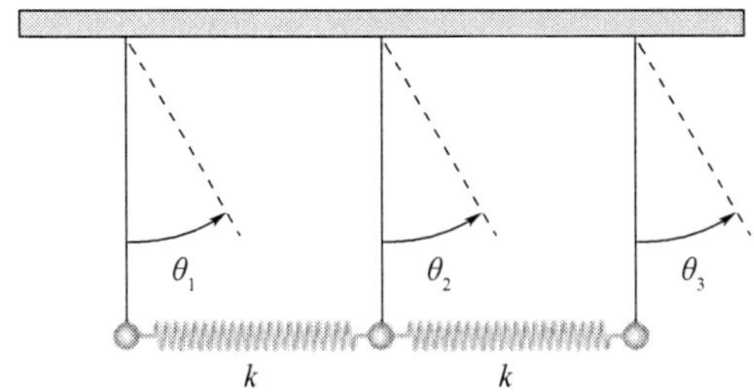

图 1.21　三个自由度系统

假设谐波解的形式为 $\theta_i=\Theta_i\cos(\omega t-\varphi_i)$，且 i 在 1 到 3 之间变化，代入运动方程，可以得到以下特征值问题：$-\omega^2\boldsymbol{\Theta}+\boldsymbol{D}\boldsymbol{\Theta}=\boldsymbol{0}$ 简化为 $\boldsymbol{D}-\omega^2\boldsymbol{I}\boldsymbol{\Theta}\}=\boldsymbol{0}$。

这里 $\boldsymbol{I}$ 是一个酉三角矩阵。求出 ω^2 的值，使其满足前面的方程。矩阵的行列式等于

零。因此,振动系统的特征方程表达式为

$$\det(\boldsymbol{D}-\omega^2\boldsymbol{I})=\boldsymbol{0} \tag{1.51}$$

求解特征方程时,三个固有频率为

$$\omega_1=\left(\frac{g}{l}\right)^{1/2},\omega_1=\left(\frac{g}{l}+\frac{k}{m}\right)^{1/2},\omega_1=\left(\frac{g}{l}+3\frac{k}{m}\right)^{1/2} \tag{1.52}$$

将特征方程中每个固有频率的值依次代入,可以得到

$$(\boldsymbol{D}-\omega^2 \boldsymbol{I})\boldsymbol{\Theta}=\boldsymbol{0} \tag{1.53}$$

得到特征向量 $\boldsymbol{\Theta}_i$,它定义了振动的模态。

就本例而言,对于 ω_1,表征第一模态的向量为 $\boldsymbol{\Theta}_1=[1\quad 1\quad 1]$;对于 ω_2,表征第二模态的向量为 $\boldsymbol{\Theta}_2=[1\quad 0\quad -1]$;对于 ω_3,表征第三模态的向量为 $\boldsymbol{\Theta}_3=[1\quad -2\quad 1]$。

图 1.22 给出了该振动系统在各振型下的结构。可以看出,在第一种振动模式下,三杆以相同的幅度同步振荡到频率 ω_1。在第二种振动模式下,中心杆不运动,而另一端的杆以 ω_2 的频率对称运动。在第三种振动模式中,中央杆以 ω_3 的频率振动,其振幅是侧杆的两倍,而侧杆以相同的频率同步运动。

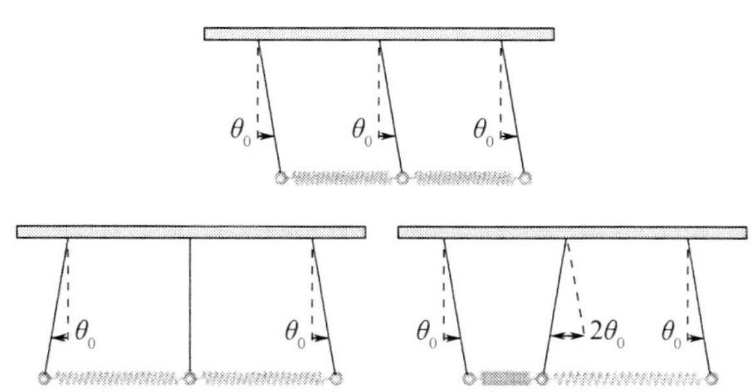

图 1.22　图 1.21 所示三联摆的振动模态

1.8　连续系统

为了简化分析过程,一种建模方法通常将振动系统的质量集中于一个点,并假设弹性力仅作用于该点。另一种建模方法是考虑质量和弹性的均匀分布,这种方法特别适用于分析弦、梁、转子和电缆等结构。这两种建模方法分别称为离散模型和连续模型。其中,离散模型主要通过常微分方程进行建模,而连续模型则采用偏微分方程进行建模。这两种方法的选择取决于具体问题的性质和需求。

本节只讨论单弦的无阻尼自由振动问题。图 1.23 给出了一根受张力作用的弦,考虑其质量均匀分布。需要注意的是,横向振动 y 取决于坐标 x 和时间 t 的值。因此,在运动方程中建立的导数是正值。对 y 方向的力求和:

$$-P\sin\theta+P\sin(\theta+\Delta\theta)=\rho\left(\frac{\partial^2 y}{\partial t^2}\right) \tag{1.54}$$

式中,P 是弦的张力;ρ 是每单位长度的质量;$y=y(x,t)$,是弦的横向位移。

y 根据分析点的位置和时间而相应变化。利用如下关系:$\sin(\theta+\Delta\theta)=\sin\theta\cos(\Delta\theta)+$

$\cos\theta\sin(\Delta\theta)$，$\left(\dfrac{\partial^2 y}{\partial x^2}\right)=y''$和$\left(\dfrac{\partial^2 y}{\partial t^2}\right)=\ddot{y}$，运动方程为

$$y''c^2=\ddot{y} \tag{1.55}$$

$\sqrt{\dfrac{P}{\rho}}$为波的速度。

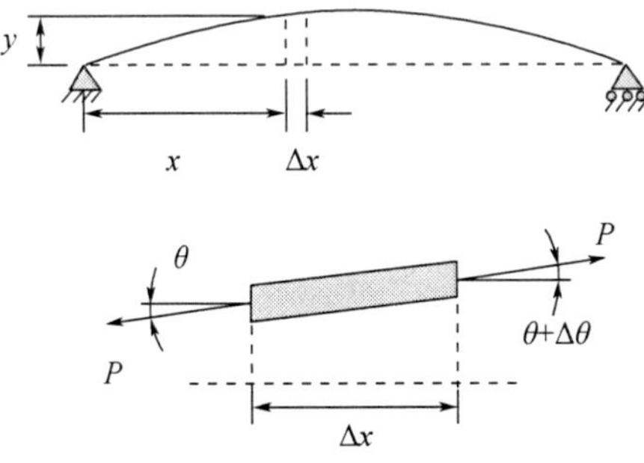

图 1.23　弦横向振动表示为连续系统

为了得到这个方程的解，需建立初始条件和边界条件。边界条件决定了系统的位置和它的边缘特征。对于这种情况，$x=0$ 和 $x=l$ 的边界条件为 $y=0$。也就是说，弦的横向位移在另一端为零。

由此，方程的解为

$$y(x,t)=(A_1\sin\omega_n t+A_2\cos\omega_n t)\sin\left(\frac{\omega_n x}{c}\right) \tag{1.56}$$

常数 A_1、A_2 取决于初始条件，即在所研究的时间区间开始时确定系统速度和加速度的条件。由式(1.56)可以看出，对于所建立的边界条件，当 $x=0$ 或 $x=l$ 时，如果 $\sin\left(\dfrac{\omega_n x}{c}\right)=0$，$y(x,t)$将为零。当出现以下情况时，满足上述条件：

$$\omega_n=\frac{\pi nc}{l}=\pi n\left(\frac{P}{\rho l^2}\right)^{1/2} \tag{1.57}$$

前面的表达式给出了所研究系统的固有频率，并允许通过简单的自由振动试验获得弦的张力。图 1.24 给出了弦在前三种振动模式下必须具有的结构。

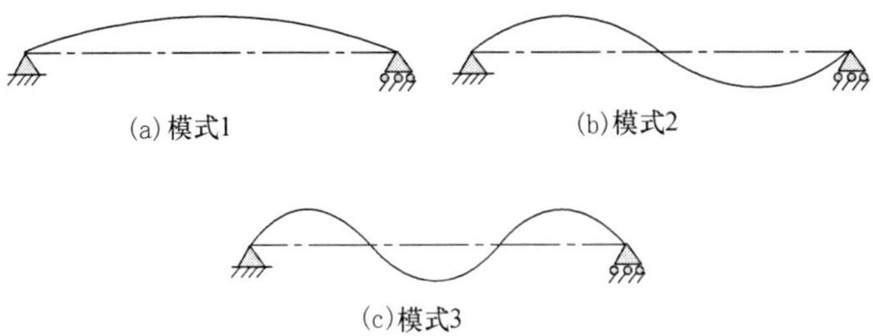

(a)模式1　(b)模式2　(c)模式3

图 1.24　弦受其相对两端影响的振动模式

第2章　光谱分析

2.1　引　言

通常而言,机器产生的振动信号复杂多样,其并非简单的正弦波形,而是由多种不同频率、幅值和相位的信号相互交织而成的。此外,还存在波形无序的振动情况。为了深入解析这些信号之间的关联,需要借助数学运算进行精确分析。频谱分析,作为一种基于振动信号谐波成分分离的技术,已成为预测性维护的关键工具。通过频谱分析,能够深入剖析机器运行过程中振动产生的原因及其带来的影响。这一分析过程主要依赖傅里叶级数和快速傅里叶变换(FFT)的实现。在工业现场,这一分析工作通常借助电子仪器和专用计算机设备进行。为了充分发挥这些设备和仪器的效能,对频谱分析的基本原理有深入的了解显得尤为重要。本章将详细阐述傅里叶分析的基本理论及其在振动分析中的应用。

2.2　信号类型

在振动分析中,可以识别三种类型的信号:谐波、周期和非周期。它们的一个共同特征是频率和幅度在任何时间都是确定的。这些类型的信号称为确定性信号。图2.1显示了一个谐波信号、一个周期信号和一个非周期信号(或暂态信号),后者不随时间规律变化,然而,每次发生时,它的波形也将确定。

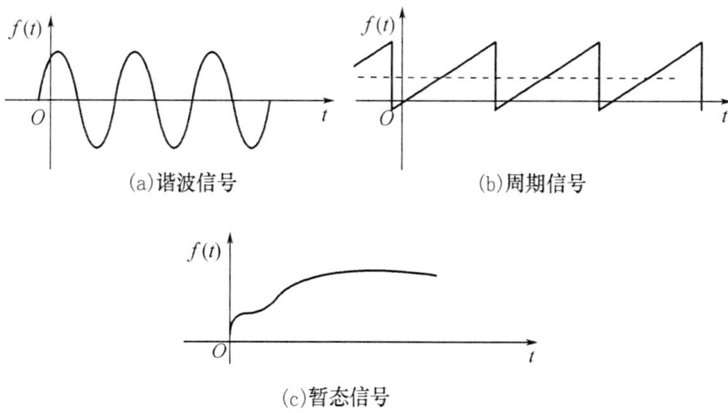

图2.1　确定性信号:谐波信号、周期信号和非周期信号(或暂态信号)

由于频率和振幅随时间变化,某些振动现象难以通过常规方式进行表征。这意味着,仅测量信号的频率和幅度,无法提供足够的信息来准确定义该信号。以高速公路上行驶的拖车变速箱的振动为例,即使测量了相关参数,也无法准确预测车辆再次行驶在同一条道路上时的振动状态。这类具有不确定性的信号称为随机振动。

尽管在预测性维护领域研究的振动信号具有显著的变异性,但它们通常遵循一定的统计规律。因此,通过进行一定数量的测量并应用统计原则,可以有效地描述和分析所研究的振动系统。图 2.2 展示了一个随机信号及其测量过程,通过这一过程,可以获得一系列数值,这些数值展现出一定的平均规律性,从而有助于对振动系统进行更深入的理解和分析。

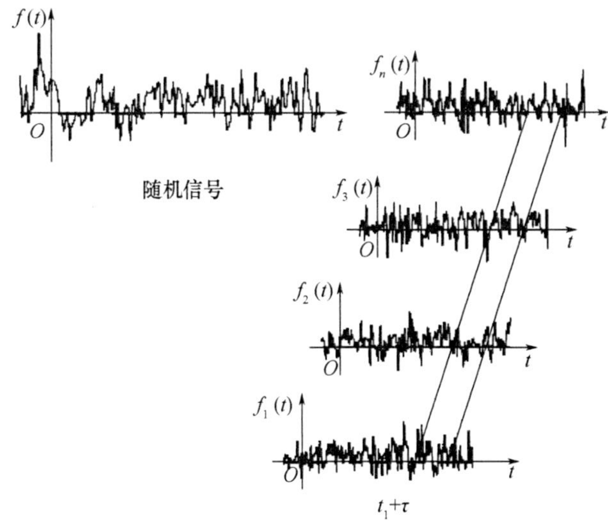

图 2.2 随机信号和平均信号处理

2.3 时域和频域

根据某些机械振动中存在的信号类型,分析的复杂性可能会有所不同。如果存在纯谐波信号,则频率和振幅的确定相对简单,从而可以确定这种振动产生的因果关系。这种识别可以应用具有激励和谐波响应系统的基本理论。

在机器的预测性维护中,频谱分析或频率分析具有显著优势,因为它能够将任何复杂信号分解为其组成的谐波分量。假设存在一个复杂的时域信号 $f(t)$"在幅值/时间平面上呈现。如图 2.2 所示,通过频谱分析,这个信号可以被分解为一系列具有不同幅值和频率的谐波。当这些谐波信号相加时,它们将重构出原始的复杂信号。若将这些不同分量在频域中,即在幅频平面上绘制其频率和幅值,就可得到被分析信号的频谱图。

图 2.3 为一个时域和频域信号示例。在第一种情况下,图 2.3 展示了一个音叉敲击时产生纯谐波振动。在时域中,正弦信号振幅为 A、频率为 ω。在频域中,该信号用单个频率 ω 和幅度 A 的峰值图形表示。齿轮传动的案例研究代表了一个更复杂的信号。在时域中,这个信号似乎没有任何顺序。然而,在频域中,有可能确定与齿轮振动的不同原因和影响相关的频率与振幅的定义峰值。

图 2.4 给出了一个信号从时域到频域的变换表示示例,详细说明了时域到频域的传递。在时域中,活塞运动由两个振幅和频率不同的谐波表示,并按点对点相加的方式排序。在频域中,活塞的总运动可以表示为这样一个信号:两个频率峰分别为 ω_1 和 ω_2,幅值分别为 B_1 和 B_2,分别对应活塞运动产生的谐波分量的频率和幅值。

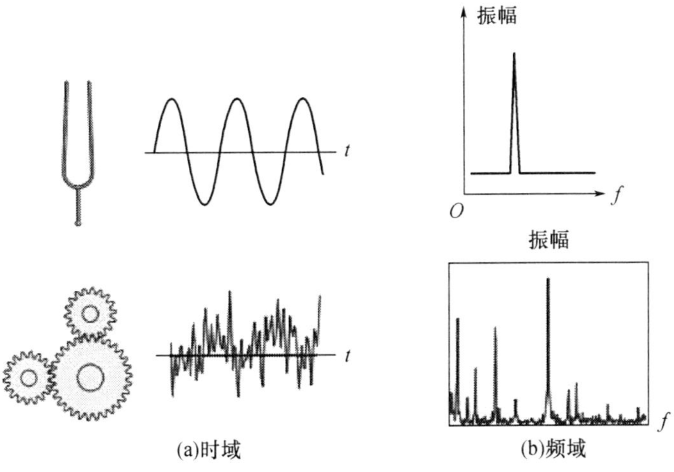

图 2.3 时域和频域信号示例

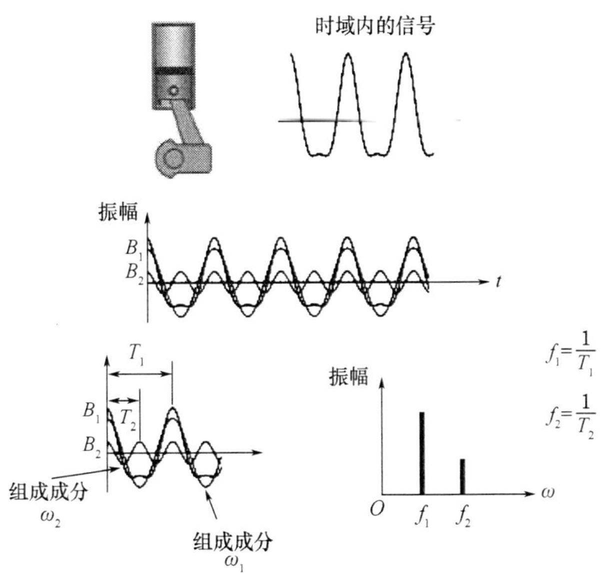

图 2.4 信号从时域到频域的变换表示示例

2.3.1 傅里叶级数

傅里叶级数作为一种频率分析方法，在振动信号的处理中发挥着关键作用，其能够将复杂的振动信号分解成基本的谐波分量。这种方法最初由 Jean-Baptiste-Joseph Fourier 于 1822 年提出，用于解决热传导问题。如今，傅里叶级数已成为现代物理、振动分析、通信理论以及线性系统研究等领域不可或缺的工具。傅里叶级数可以三角函数或指数函数的形式来表示。在三角函数的形式下，傅里叶级数表示如下：

$$f(t)=\frac{1}{2}a_0+\sum_{n=1}^{\infty}\left[a_n\cos(n\omega_0 t)+b_n\sin(n\omega_0 t)\right] \tag{2.1}$$

也可以表示为

$$f(t)=C_0+\sum_{n=1}^{\infty}C_n\cos(n\omega_0 t-\theta_n) \tag{2.2}$$

系数 a_0、a_n、b_n、C_0、C_n 定义如下：

$$a_0=\frac{2}{T}\int_{-T/2}^{T/2}f(t)\,\mathrm{d}t,\quad a_n=\frac{2}{T}\int_{-T/2}^{T/2}f(t)\cos(n\omega_0 t)\,\mathrm{d}t$$
$$b_n=\frac{2}{T}\int_{-T/2}^{T/2}f(t)\sin(n\omega_0 t)\,\mathrm{d}t \tag{2.3}$$

$$C_0=\frac{1}{2}a_0y,C_n=\sqrt{a_n^2+b_n^2} \tag{2.4}$$

相位角为 $\theta_n=\arctan\left(\frac{b_n}{a_n}\right)$。

在前面的表达式中，$f(t)$ 是在时域上的总振动信号；ω_0 是基频。

应用上述表达式的一个例子，如图 2.5(a)所示，方波在时域中，如果 $0<t<T/2$，则 $f(t)=1$；如果 $<T/2<t<T$，则 $f(t)=-1$。

$$f(t)=\begin{cases}1, & 0<t<\dfrac{T}{2}\\ -1, & \dfrac{T}{2}<t<T\end{cases} \tag{2.5}$$

即

$$f(t)=\frac{4}{\pi}\left[\sin(\omega_0 t)+\frac{1}{3}\sin(3\omega_0 t)+\frac{1}{5}\sin(5\omega_0 t)+\cdots\right] \tag{2.6}$$

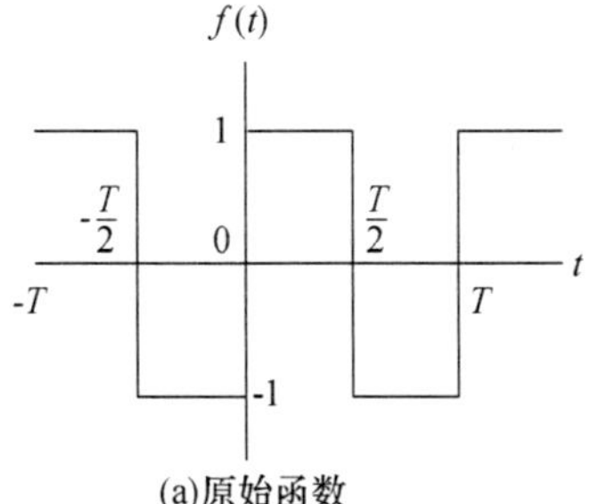

(a)原始函数

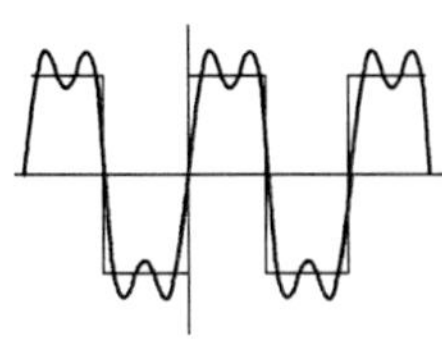

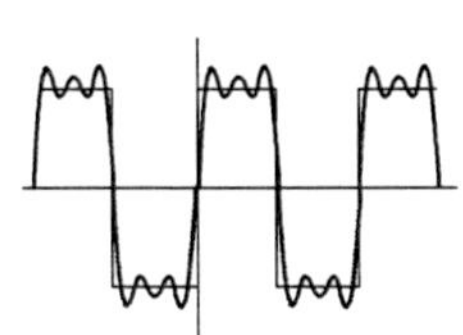

谐波分量

(b)具有1、2和3项的近似

图 2.5　周期函数的谐波分量表示

在交替三角形式中,上述函数是

$$f(t)=\frac{4}{\pi}\left[\cos\left(\omega_0 t-\frac{\pi}{2}\right)+\frac{1}{3}\cos\left(3\omega_0 t-\frac{\pi}{2}\right)+\frac{1}{5}\cos(5\omega_0 t-\frac{\pi}{2})+\cdots\right] \quad (2.7)$$

图 2.5(b)表示谐波函数,谐波函数逐点相加可复现方波,见表 2.1。所以,级数项越多,原始函数就越精确。

表 2.1 构成周期函数的级数的第一项

$\frac{4}{\pi}\sin(\omega_0 t)$	$\frac{4}{3\pi}\sin(3\omega_0 t)$	$\frac{4}{5\pi}\sin(5\omega_0 t)$	t	$f(t)$
0	0	0	0	0
0.393 45	0.343 35	0.254 64	$T/20$	0.991 44
0.743 8	0.403 639	0	$T/10$	1.152 01
1.030 0	0.131 15	−0.254 64	$3T/20$	0.906
1.210 9	−0.249 4	0	$2T/20$	0.961 5
1.273 236	−0.424 412	0.254 64	$5T/20$	1.103 4
1.210 9	−0.249 4	0	$3T/10$	0.961 4
1.030 0	0.131 1	−0.254 647	$7T/20$	0.906
0.748 38	0.403 6	0	$2T/5$	1.151 9
0.393 45	0.343 3	0.254 647	$9T/20$	0.991 4
0	0	0	$T/2$	0

在指数形式下,傅里叶级数的定义如下:

$$f(t)=\sum_{n=-\infty}^{\infty} c_n e^{jn\omega_0 t} \quad (2.8)$$

系数 c_n 的绝对值:

$$|c_n|=\left|\frac{1}{2}\sqrt{a_n^2+b_n^2}\right|,\quad C_n=2|c_n|,\quad C_0=c_0=\frac{1}{2}a_0$$

幅度系数 c_n 相对于频率 ω 的图形表示在频域中称为频谱或幅度谱。同样,相位谱是信号间相位角在频域的表示,定义为

$$\varphi_n=\arctan\left(-\frac{b_n}{a_n}\right)=-\theta_n \quad (2.9)$$

图 2.6 为上例分析的方波的频率和相位谱。一般来说,周期函数的频谱是从傅里叶级数的指数形式得到的离散频谱。然而,如果函数的周期趋于无穷[$f(t)\to\infty$],则产生的频谱是连续的,由傅里叶积分或傅里叶变换来定义。这个变换表示为

$$F(\omega)=\int_{-\infty}^{\infty} f(t)e^{-j\omega t}dt \quad (2.10)$$

这个表达式定义了信号从时域到频域的传递。将函数 $f(t)$ 的连续谱或幅值谱表示为 $|F(\omega)|$关于频率 ω 的图。如果需要将信号从频域传递到时域,则其傅里叶变换的反函数定义如下:

$$f(t)=\frac{1}{2\pi}\int_{-\infty}^{\infty}F(\omega)\mathrm{e}^{\mathrm{j}\omega t}\mathrm{d}\omega \tag{2.11}$$

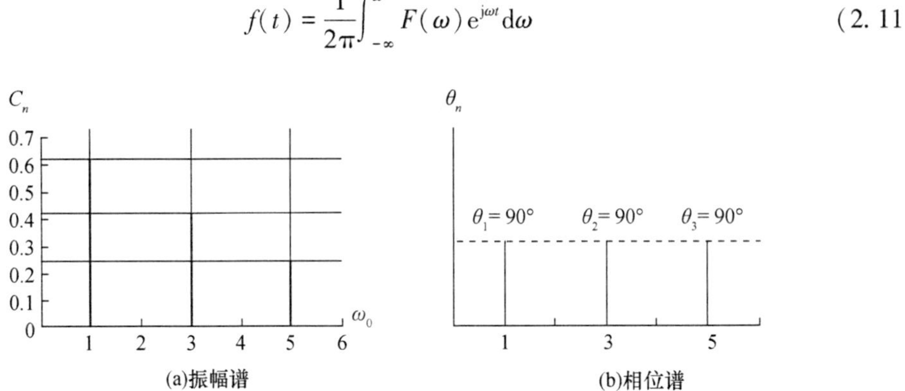

图 2.6　图 2.5 的频谱和方波相位

前两种关系允许信号从时域传递到频域,反之亦然。

2.3.2　快速傅里叶变换

根据前文概述的关系和概念,开发出一种在微处理器中编程的算法,可以获得振动信号的频谱。该信号在确定的间隔内周期性采样,并应用 FFT 算法,在频域中获得其分量。FFT 算法的计算基于模拟信号的采样,需要注意采样频率、采样时间、单位以及带宽。

如果时域数据集包含 2^n 个元素,其中 $n=1,2,3,\cdots$,微处理器需进行基于二进制系统的信号处理。FFT 分析存在如下问题。

混叠:混叠效果的发生与采样频率紧密相关。当采样频率设置过低或高频信号未经适当过滤时,两个原本具有不同频率的信号可能在观测上呈现为单一信号,导致信号识别的混淆。这种现象在时域采样过程中尤为明显,类似频闪示波器所产生的效果,即高频信号可能与低频信号相互干扰,进而在频谱分析中引入误差。如图 2.7 所示,若在低采样频率条件下观测到两个不同频率的信号,它们可能会产生极为相似的输出信号,从而难以区分。为避免混叠效应,必须遵循奈奎斯特定理进行采样,即确保采样频率至少为所关注频率范围内最高频率的两倍。在频谱分析仪的实际应用中,通常通过滤波器对将要采样的信号进行预处理,以消除潜在的混叠成分。

信号分辨率:随时间变化的振动信号是模拟信号,需要转换成可以快速处理的数字信号。为此,使用了模数(A/D)转换器。这些器件将模拟时域信号转化为数字编码信号(N_1,N_2,$\cdots$,N_i),该信号可以用二进制代码表示,即 1 和 0 的组合(图 2.8)。A/D 转换器的容量决定了可用于记录信息的二进制位数(比特,二进制数字)。8 位容量的 A/D 转换器可使用 $2^8=256$ 间隔,而 12 位容量的 A/D 转换器可使用 $2^{12}=4\ 096$。因此,区间数越大,待分析信号的分辨率就越好。

带宽:模拟信号的数据量直接决定了 FFT 频谱分析的分辨率。带宽,即最大频率与最小频率之差,是模拟信号频率范围的选择依据,它决定了在频谱分析中能够观察到的信息量和细节层次。不同设备在频域上所能提供的信号分辨率各异。在 $X-Y$ 轴图中,分辨率表现为 X 轴(频率)上可用于充分观察所研究频谱的间隔数量。在分辨率线数量固定的情况下,若选择较大的带宽,则频谱中的峰值表现将相对减小。带宽选择和最大频率的确定在预测性维护中尤为重要,特别是在旋转设备中,带宽的选择往往取决于设备的最大转速。通常,在宽频带的情况下,频谱分析在选择带宽时,常将最小频率设定为零。

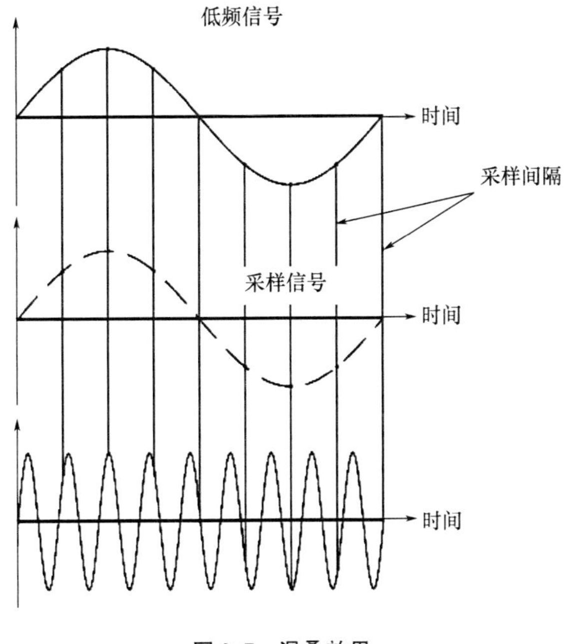

图 2.7　混叠效果

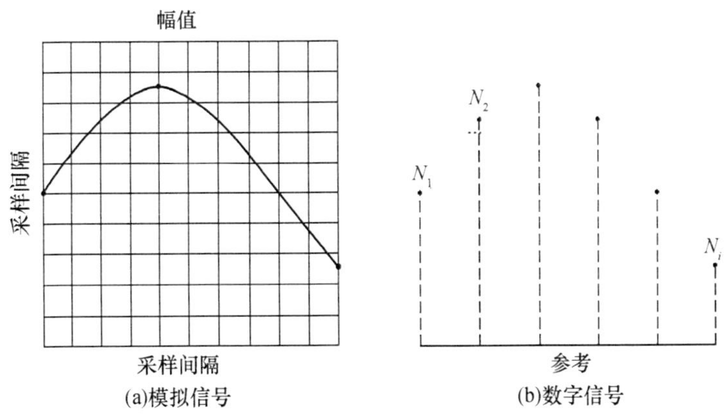

图 2.8　模拟信号到数字信号的转换

2.3.3　窗口

在信号处理流程中,处理连续信号时经常需要聚焦信号的特定段落以进行深入分析。为此,需要建立一个"窗口"来截取并分析模拟信号。这一窗口的创建涉及将采样信号与特定的窗口函数相乘。窗口函数的主要作用是消除采样周期之间的不连续性,确保在关注的时间间隔起始和结束时,数据能够平滑地过渡至零值。图 2.9(a)展示了带有选定窗口的周期信号。在此情况下，采样周期能够无误差地再现信号。然而，对于图 2.9(b)所示的暂态信号，窗口可能仅覆盖信号的一部分，因此这些间隔的采样呈现图 2.9(c)所示的情况。为了消除这种不连续性，需要应用窗口函数，如图 2.9(d)所示，从而使信号适合进行 FFT 分析，如图 2.9(e)所示。

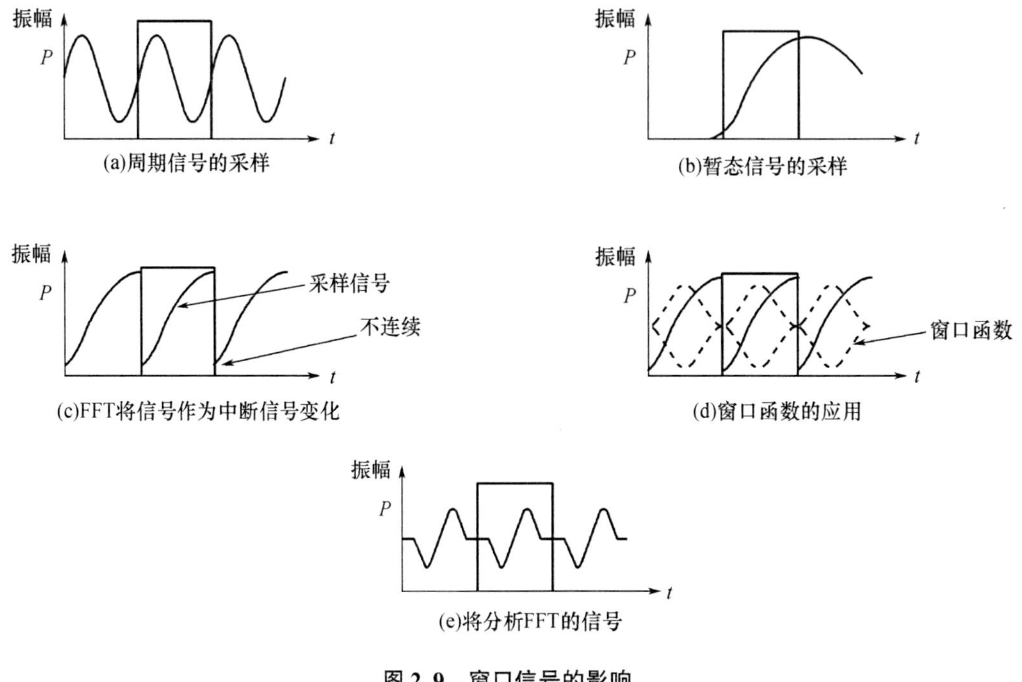

图 2.9　窗口信号的影响

在暂态信号中，使用 FFT 时不加窗函数会使频谱中出现杂散分量，这与被分析信号不连续点的频率有关。最常用的窗函数有矩形窗、汉明窗、凯撒贝塞尔窗、汉宁窗等多种形式。图 2.10 定性地表示如果应用汉明窗或凯撒窗，信号将如何变化。要应用的窗口函数将取决于问题的类型以及可用分析仪的类型。

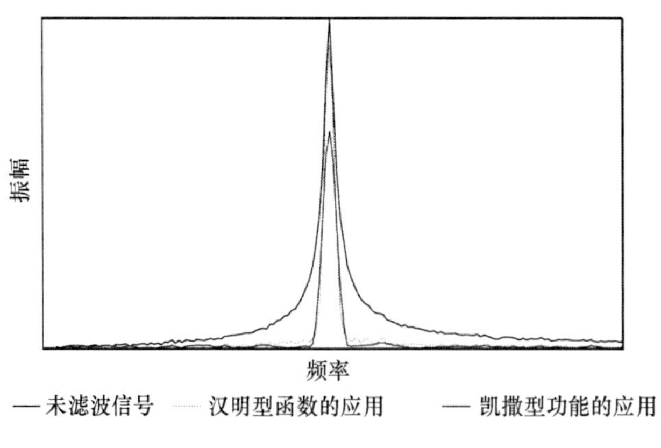

图 2.10　窗口函数对信号的应用

2.3.4 频谱分析在振动研究中的应用

在工业工厂中,机械设备在运行时常常伴随着噪声和振动的产生。因此,振动分析在预测性维护程序中占据着举足轻重的地位,成为最常用的技术手段之一。基于前面章节所阐述的理论基础,电子设备和计算机程序得以在工业领域广泛应用,它们能够迅速且相对直接地对振动信号进行光谱分析。这些设备的易用性凸显了深入理解傅里叶分析基本原理的重要性,因为只有掌握了这些原理,才能准确解读不同设备的报告。在掌握了频谱分析仪的基本工作原理之后,本节将进一步探讨这些设备在记录和分析振动信号方面的卓越能力。

宽带和窄带:机械产生的振动经过测量与分析,能够揭示操作状态,从而捕捉到振动信号特征的任何变化,并将其与机器部件的振动模式相关联。振动信号分析是在特定频率范围,即特定带宽内进行的,这取决于所考虑的最大频率以及频谱分析仪的分辨率。根据频域中可识别分量的数量,可以选择进行宽频带或窄频带的分析。尽管这些术语有时略显模糊,但在预测性维护的语境下,当信号呈现出两个清晰定义的峰值时,倾向于进行窄带分析。这意味着在峰值频率附近,信号中存在有意义的分量。通常,当需要了解特定机器部件状况时,会采用这种分析类型。而当信号分量的幅值在某一频段内与中心信号分量相似时,则进行宽带分析。这种分析通常在需要掌握机器整体状态或一组机器部件信息时采用。

在频谱分析仪中,有多种滤波器可供选择。有些滤波器允许一定比例的调谐中心频率通过,而有些则允许信号在固定带宽内通过。这使得能够根据需求灵活选择宽带或窄带分析类型,从而更有效地解读和分析振动信号。图 2.11 给出了在线性和对数尺度下,施加恒定幅度宽度所获得的带宽与施加恒定比例的中心频率所获得的带宽之差。

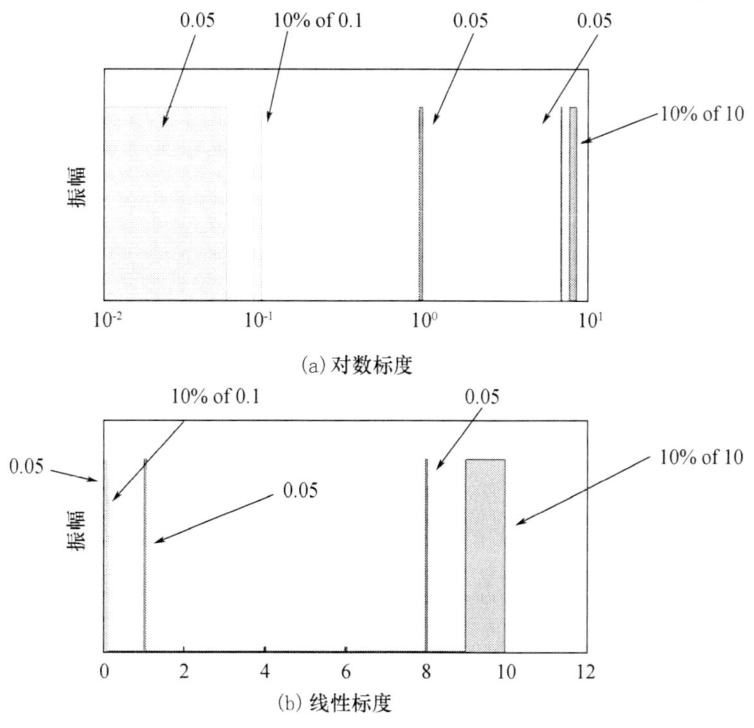

图 2.11　选择一个恒定频带或一个恒定百分比频带的不同带宽

带宽的选择至关重要,它直接影响分析设备的应用效果和数据的可用性。在波段选择上必须格外小心,因为不同的选择可能会导致从光谱中获取到的信息存在显著差异,如图2.12所示。在振动趋势的分析中,图2.13(a)展示了一个机械系统的多个测量点。当选择一个宽带进行振动趋势分析时,能够获得测点上整个机械系统状况的信息,进而生成图2.13(b)所示的频谱。该频谱通过RMS进行定义,提供了所选带宽内存在的总能量测量。如图2.13(c)所示,对RMS值关于系统能量的变化趋势进行配准,可以全局地测量机器状态的演变。然而,这种分析方式无法提供更多关于特定成分的具体信息。当需要深入了解这些特定成分时,窄带分析就显得尤为重要。

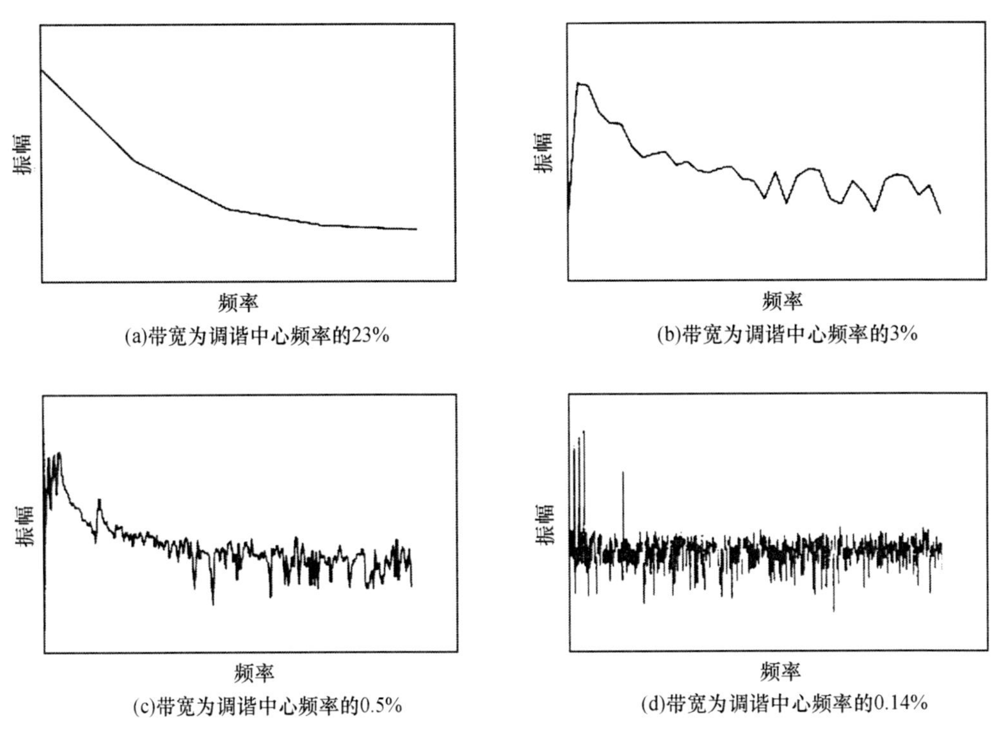

(a)带宽为调谐中心频率的23%　(b)带宽为调谐中心频率的3%

(c)带宽为调谐中心频率的0.5%　(d)带宽为调谐中心频率的0.14%

图2.12　带宽变化对信号分辨率的影响

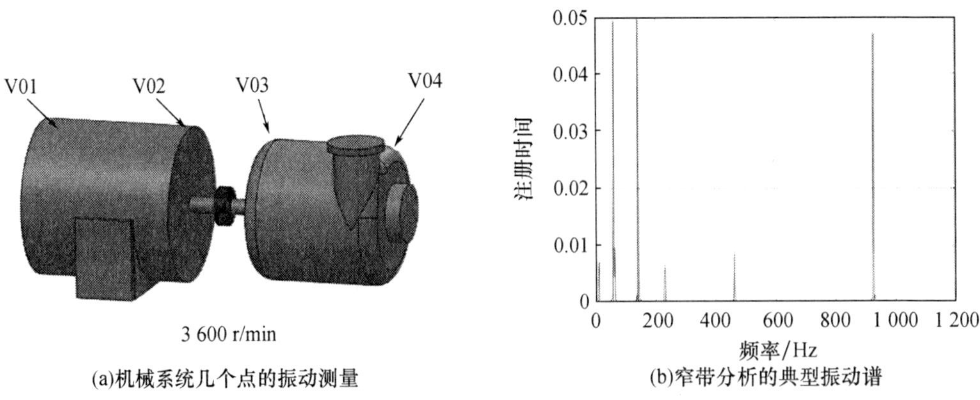

(a)机械系统几个点的振动测量　(b)窄带分析的典型振动谱

图2.13　振动趋势分析

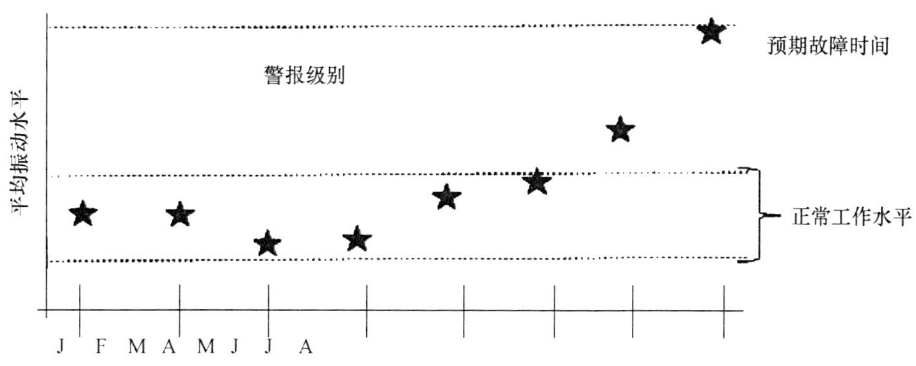

(c)要监测的球轴承(V02)振动均方根变化趋势的例子，给出监测周期(见第7章)

图 2.13(续)

2.3.5 振动特征

在机械系统或机器的正常工作状态下,从频域中获取的信号反映了其独特的振动特征。这些特征信号提供了宝贵的数据,使得在进行后续分析时能够比较机器的行为,从而持续监测其各个部件在操作条件下的寿命变化。在连续监测机械系统振动演化的过程中,主要关注振动振幅及振动特征的变化趋势。

这种监测可以通过选择适当的带宽(无论是宽带还是窄带)来进行,并观察特征光谱的变化,这些光谱是在已知操作条件下由机器的某个部件产生的。例如,图 2.14(a)展示了正常工况下的频谱图,而图 2.14(b)则展示了故障工况下的频谱图,两者之间的显著差异有助于及时发现潜在问题。

为了更全面地了解系统或设备的振动振幅变化趋势,可以从振动特征中记录级联数据。这些级联数据是间隔光谱在一定时间内的连续记录,它们提供了关于振动信号幅值和频率随时间变化的详细信息。图 2.15 所示的级联谱清晰地展示了振动信号在不同时间点上的变化情况。

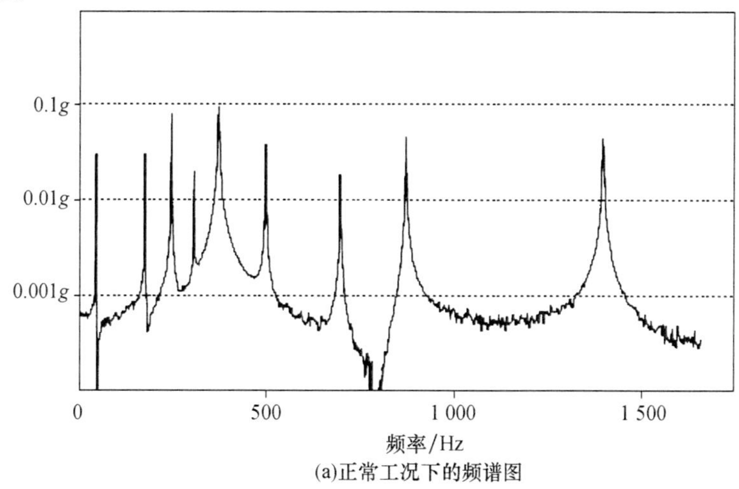

(a)正常工况下的频谱图

图 2.14 正常及故障工况下的频谱图

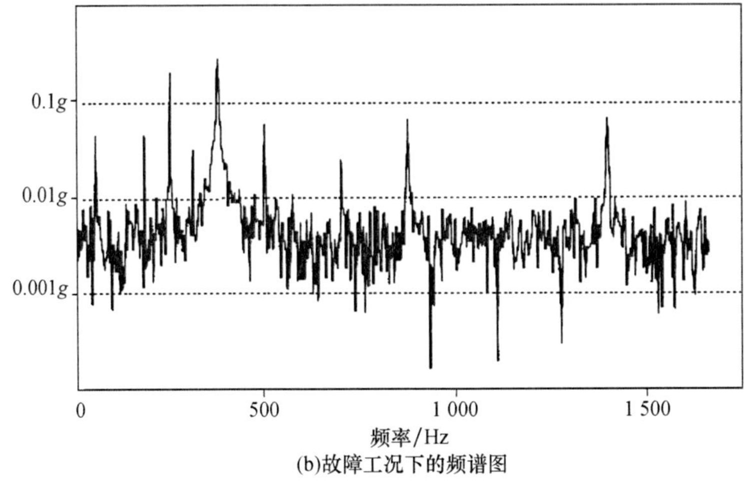

(b)故障工况下的频谱图

图 2.14(续)

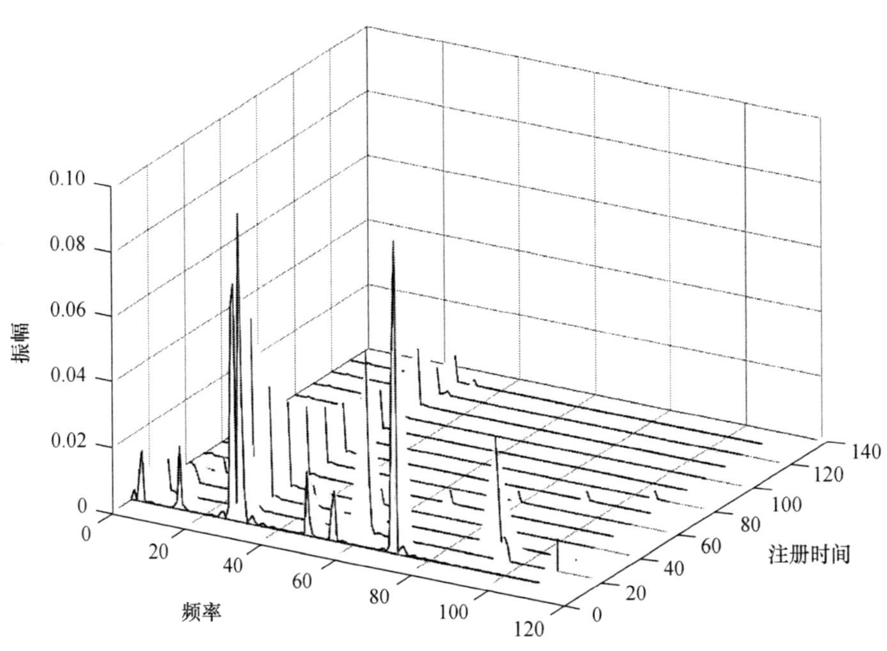

图 2.15　一个频谱的级联记录

2.3.6　信号平均

应用 FFT 对信号进行平均化处理，能够更精确地定义频谱特性。在多数频谱分析仪中，用户可以选择不同的平均方法，如线性平均、指数平均或同步平均，以适应不同的分析需求。

线性平均涉及对一系列瞬时光谱进行求和，并将总和除以所考虑的光谱数量。这种方法为所有光谱赋予了相等的权重，从而得出一个平均频谱。指数平均则强调最新记录的光谱的重要性,较之于较早记录的光谱,其在平均结果中的贡献更大。这种方法对于捕捉信号中的快速变化特别有效。同步平均允许用户将分析的开始与设备运行的一个特定操作点或时刻同步,确保分析的是与设备运行状态紧密相关的信号段。

图 2.16 展示了信号经过平均处理后的效果。

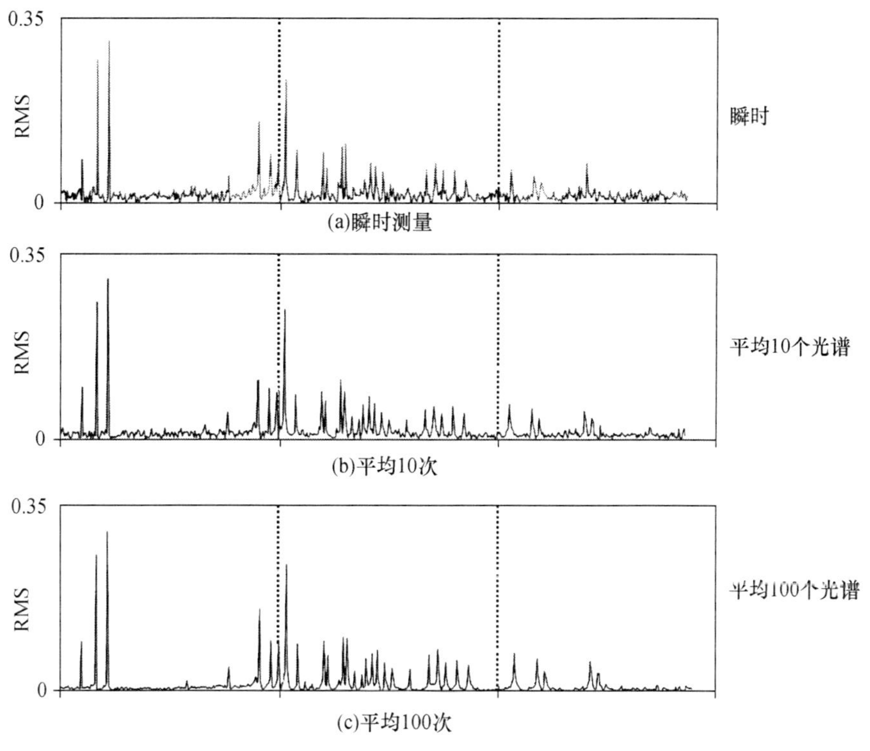

图 2.16 对信号测量值取平均值的影响

2.3.7 计量单位

在记录机器振动时,测量单元的选择是光谱分析中的关键环节,它直接关乎结果的准确解读。因此,必须明确说明所考虑变量的单位,这通常涉及振动幅度、速度或加速度的度量。同时,务必关注所使用的测量系统,因为尽管在工业界,英制单位(如英尺、磅、秒)仍有一定的使用范围,但国际单位制(如米、公斤、秒)的应用正日益广泛。在预测性维护领域,分贝作为一个重要的度量单位,其表达和使用也需格外注意,以确保数据的准确性和一致性。

$$dB = 20\lg(N_1/N_2)$$

式中,N_1 是最终振动水平;N_2 是初始或参考振动水平。

分贝表示两个数字之间的关系,因此可以建立一个表示 0 dB 级别的参考电平。在振动分析中,国际上公认的速度参考值为 1.0×10^{-9} m/s(RMS),加速度参考值为 1.0×10^{-6} m/s^2(RMS)。例如,对于 10^{-5} cm/s 的速度水平,将有+40 dB 的水平。加号(+)表示增加的程度,而减号(-)表示减少或衰减。虽然设置了其他参考,但 dB 总是涉及电平的相对变化,因此两个量之间从 10 到 1 的变化始终为-20 dB,1(初始值)到 10(最终值)中的一个变化将为

+20 dB。表 2.2 给出了某一信号若干电平相对变化的一系列等价,单位为 dB。

表 2.2 某些变化关系的值

单位:dB

从 N_1 到 N_2 的相对变化	数值
1 到 1(无变化)	0
1.412 5 α 1	3
2 α 1	6
3.16 α 1	10
10 α 1	20
31.6 α 1	30
100 α 1	40
1 000 α 1	60
10 000 α 1	80
100 000 α 1	100

完成光谱分析后,选择合适的展示单位来呈现结果至关重要。这些单位的恰当选择有助于识别振动的原因和影响。在展示振幅和频率时,可以选择线性或对数标度。图 2.17 清晰地展示了信号在不同显示频率下,线性和对数刻度之间的差异。图 2.18 则进一步揭示了当振幅以不同的刻度表示时,其如何呈现显著的变化。在分析仪屏幕上呈现光谱分析结果时,信号分辨率同样不容忽视。为了确保结果的详细解读,并在必要时进行精确放大,需要对频谱进行细致的观察,如图 2.19 所示。

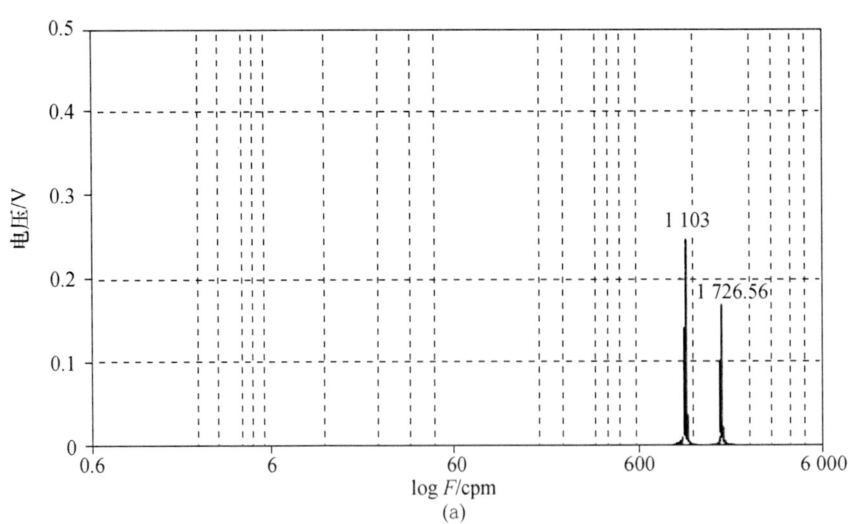

(a)

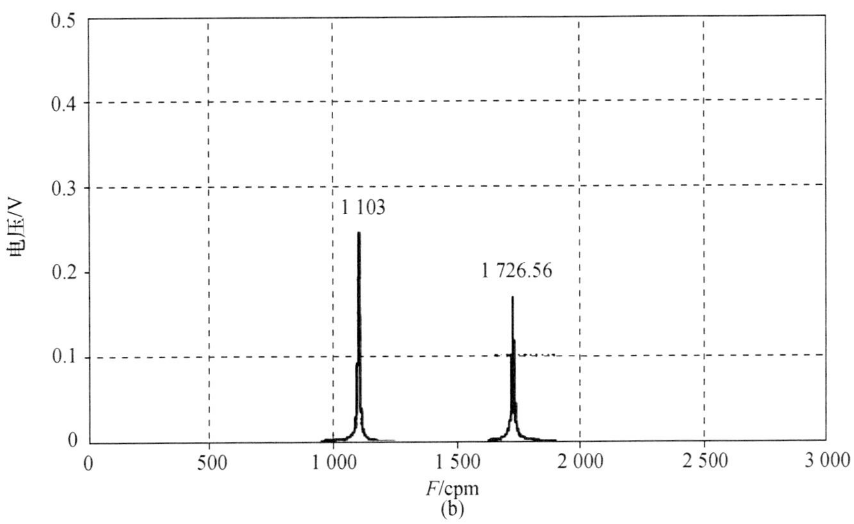

图 2.17 改变频率标度的信号表示

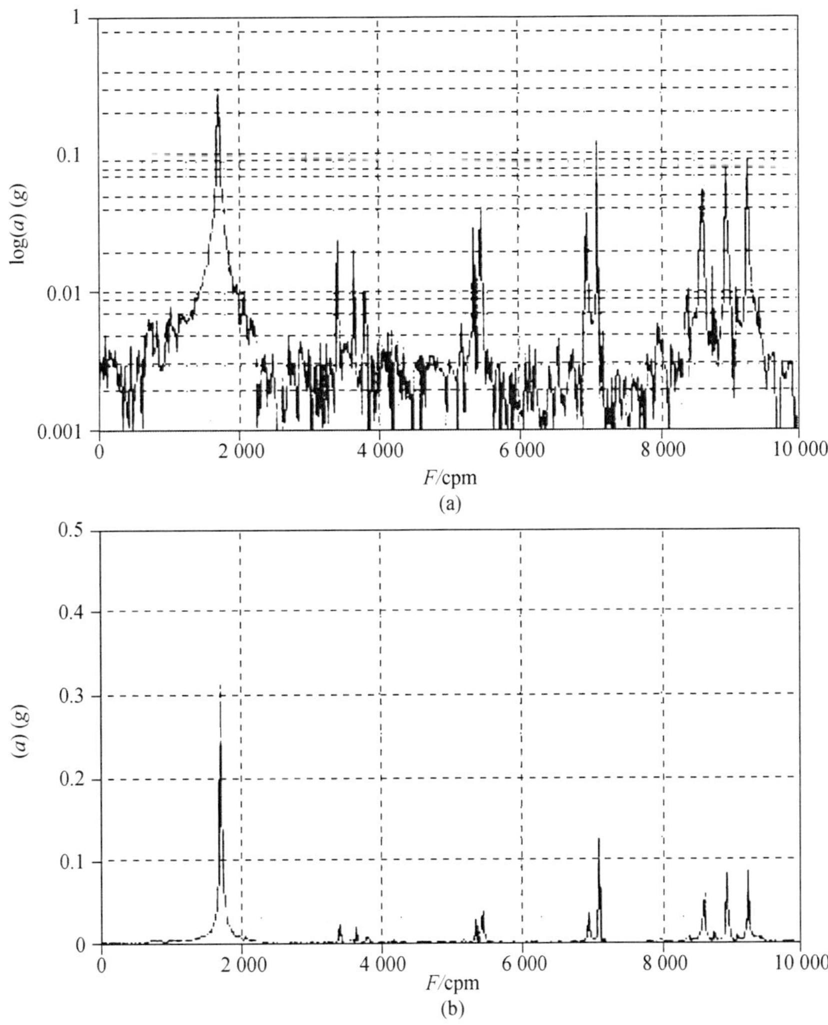

图 2.18 改变振幅标度的信号表示

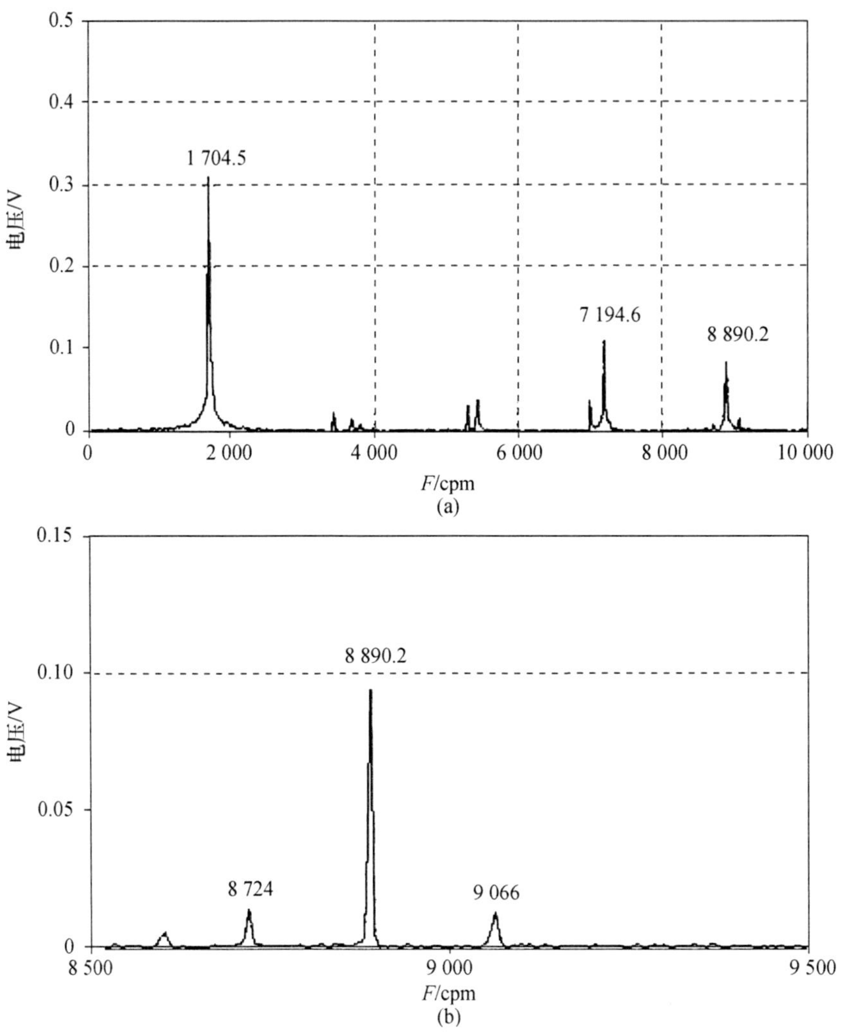

图 2.19　不同带宽的信号部署(接近 9 000 cpm)

当信号间的变化幅度不那么明显时,选择对数振幅标度显得尤为重要。这是因为对数标度能够放大小振幅值,使得微小的变化也能清晰可见,否则,可能会错过机械故障初期产生的低能量振动,这种情况并不罕见。在选择垂直标尺的类型时,需要根据待监测的信号特性进行决策。对于低频和大振幅的问题,选择位移单位通常更为合适;对于各种类型的振动信号,速度单位是一个通用且有效的选择;而加速度单位则更适用于检测高频和低振幅信号。通过合理选择这些单位,能够更准确地捕捉和分析振动信号,为预测性维护提供有力的数据支持。

2.4　信号的能量含量

在振动分析中,有些情况下需要知道某个频率范围内信号的能量含量。大多数频谱分析仪都具有这种易用性特征,从概念上讲,在时域中表示如下:

$$E = \int_{-\infty}^{\infty} | f(t) |^2 dt \tag{2.12}$$

在频域中,信号的能量含量称为能谱或谱能量密度,由以下表达式定义:

$$E = \frac{1}{2\pi}\int_{-\infty}^{\infty} | F(\omega) |^2 d\omega \tag{2.13}$$

这一概念在预测性维护的振动分析中的应用非常重要,因为它可以了解与特定效果相关的能量。频谱能量密度可以在一定的频率范围内获得,对于一定的带宽,$\omega_{初始}<\omega<\omega_{终末}$与所研究的效应相关,这也是允许识别产生振动的原因。

2.4.1 信号相关性

在频谱分析中,相关函数是一个对预测性维护尤为重要的概念,它用于衡量两个函数之间的相似性。具体来说,当两个函数在频率和振幅上展现出相似性时,相关函数能够突出显示它们共有的频率分量。

定义相关函数的数学表达式为

$$R_{12}(\tau) = \int_{-\infty}^{\infty} f_1(t) f_2(t - \tau) dt \tag{2.14}$$

该表达式表示在不同时间出现的函数$f_1(t)$和$f_2(t)$之间的相关性。$f_1(t)$和$f_2(t)$相等的情况称为自相关。该功能在预测性维护中的应用允许识别振动信号的特性,即使该信号有很多噪声,也可以检查在同一机器上不同时间进行的测量的兼容性。

考虑振幅为a的方波,如图2.20(a)所示。将时间t_0的自相关函数应用于该波,并考虑0和T之间的信号随机相移$(t-\tau)$,获得图2.20(e)所示的相关函数。对于相移$\delta = T/4$,自相关值最小,如图2.20(e)中点A所示。这意味着信号图2.20(a)和图2.20(b)之间的相似性或相互依存度在那个时候是最小的。

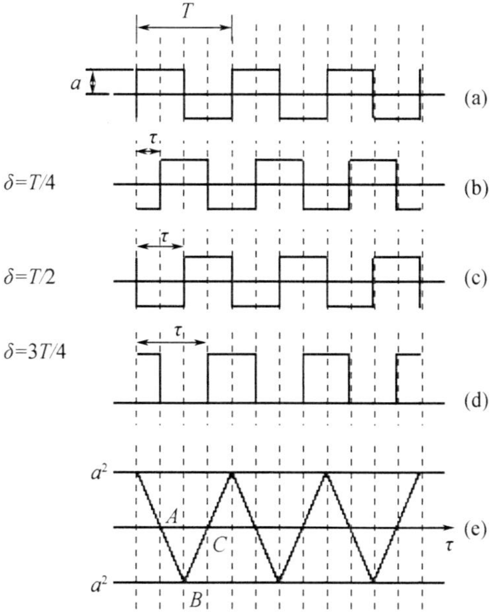

图2.20　具有不同相移$(t-\tau)$值的方波(a)、(b)、(c)、(d)和自相关函数(e)
(当信号完全同相或异相时,$t=0$和$t=T/2$的最大值)

如果在 $\delta=T/2$ 时应用自相关函数，如图 2.20(c) 所示，自相关具有最大值，如图 2.20(e) 中点 B 所示。当 $\delta=3T/4$ 时，方波的自相关[图 2.20(d)]再次证明是最小值，如图 2.20(e) 中点 C 所示。所示方波对任何 δ 值的自相关是振幅 a^2 的三角函数，如图 2.20(e) 所示。在该图中，可以看出，$f_1(t)$ 和 $f_2(t)$ 之间的相关性在信号同相时具有最大正相关性，而在信号异相时具有最大负相关性。将自相关应用于来自机器振动的随机信号，可以通过检查自相关函数振幅是否保持恒定来验证测量的可靠性。

函数 $f_1(t)$ 和 $f_2(t)$ 来自不同来源时的相关性称为互相关。在预测性维护的振动分析中，应用相关函数功能能够精准地识别机器不同部件间信号的关系与影响。以滚珠轴承与机器外壳为例，若在机器中存在滚珠轴承产生的信号和在机器外壳上测量的另一信号，可以通过应用相关函数对这两个信号进行分析。这样做能够清晰地确定滚珠轴承部件在外壳振动中的重要性。

图 2.21 说明了这一概念。在该图中，显示了两个信号，如图 2.21 所示，一个是振幅为 $b[f_1(t)]$、频率为 41.1 Hz 的方波，另一个是振幅为 $c[f_2(t)]$、频率为 13.7 Hz 的正弦波。当将互相关应用于这些函数时，获得图 2.22(a) 所示的相关函数。该相关函数的频谱如图 2.22(b) 所示。从该频谱可以看出两个信号的频率与平方信号谐波之间的关系。

将互相关概念应用于预测性维护的案例研究中，能够助力在互相关频谱中精准识别被研究机器部件的潜在共振现象。这种共振往往是由同一机器中的其他部件或附近其他设备的振动所激发。

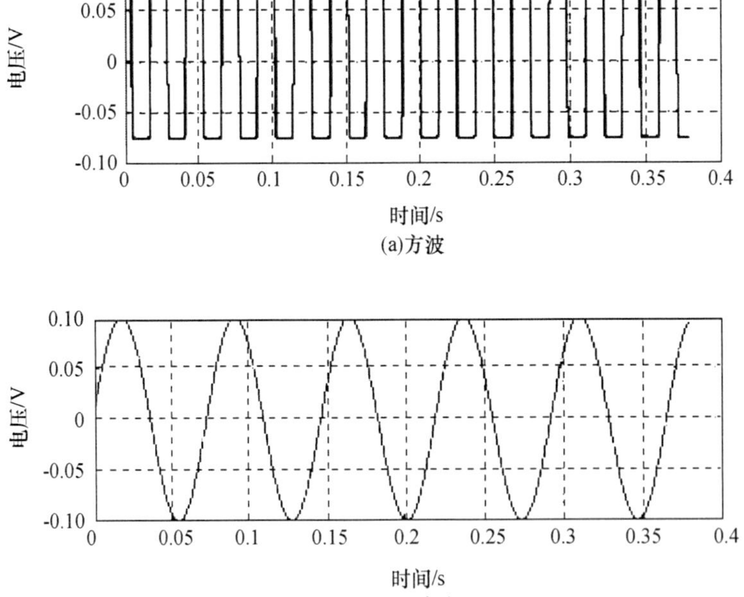

(a)方波

(b)正弦波

图 2.21　将应用互相关的信号

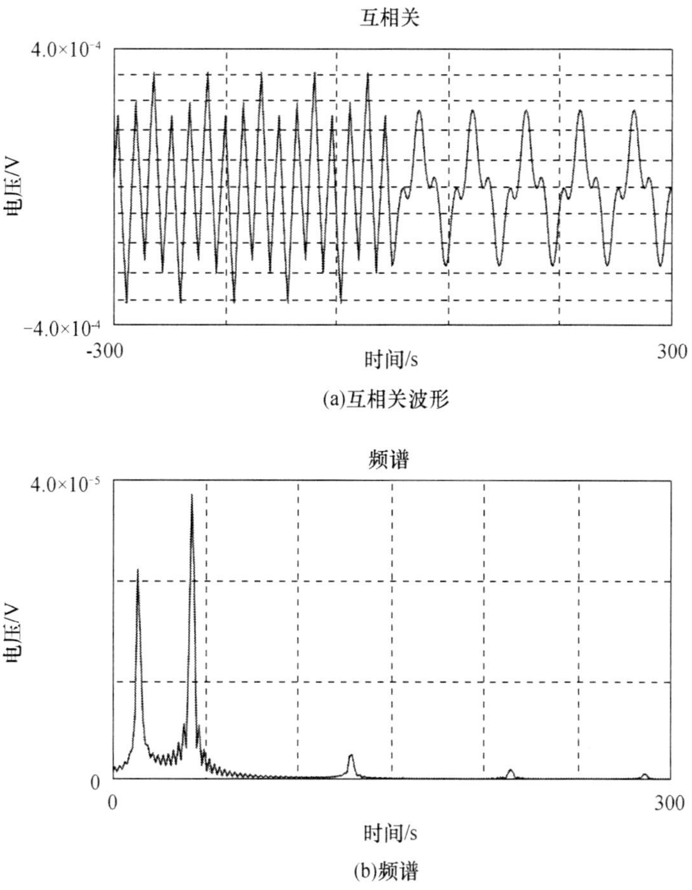

(a)互相关波形

(b)频谱

图 2.22 互相关波形及其频谱

2.4.2 噪声

在机械振动分析中,有时会遇到一些与所研究问题无关的信号,这些信号可能源于设备的不良连接或电磁干扰等因素,它们称为噪声。其中,白噪声是仪器运行中固有的一种特殊噪声。尽管其振幅极低(仅为微伏级),但在解读信号时仍需予以考虑。若平均相关函数接近零,则可检测到这种噪声信号的存在,这意味着其各分量之间缺乏相关性。

第3章 仪 器

3.1 引 言

振动分析作为工业中最为普遍的预测性维护程序技术,广泛应用于各类机械设备的维护中。该技术主要通过测量噪声和振动水平,准确判断机械系统各部件的工作状态。而预测性维护计划的制定,在很大程度上取决于所选仪器的便捷性以及其解释结果的能力。

典型的机械监测系统通常由频谱分析仪、计算机、数据处理程序和传感器等多个组件构成。为确保能够获取不同机器部件准确且可靠的操作趋势,监控系统必须具备自动记录和处理数据的功能。尽管市场上存在多种商业产品,但由于其多样性,几乎无法对所有可能的变体进行全面分析以构建监测系统。然而,通过深入了解系统的操作原理,可以根据各种实际操作条件选择和使用最合适的设备。

本章详细阐述了压电加速度计和频谱分析仪的工作原理,并对数据处理程序的特点进行了描述。实际上,任何配备硬盘驱动器的计算机均可用于预测性维护程序,而其性能则主要取决于数据处理程序的特性。

3.2 数据处理程序

适用于处理预测性维护系统所采集数据的程序,通常都已集成到相关设备中。尽管将数据从一个程序传输到另一个程序看似简单,但由于这些程序往往缺乏标准化的输入或输出格式,使实际操作变得复杂。因此,在选择振动监测程序时,需格外谨慎。为确保监测程序的改进,任何额外所需的设备都必须与初始设备兼容。一个完善的振动监测系统应涵盖组织数据库、提供测量趋势、设置警报级别以及自动生成报告等功能。

在程序操作方面,这些系统通常通过直观的菜单界面组织各项功能。数据保护系统是其基本特性之一,旨在防止意外删除宝贵数据。同时,编辑和设置数据展示方式的设施应易于用户操作。在选择采集系统的操作程序时,应确保其能够高效采集和处理数据,从而清晰地展示振动信号的时间变化。然而,值得注意的是,数据存储容量的增加往往伴随着预测性维护系统成本的上升。因此,在选择时,需要权衡计算机和程序的成本、响应速度以及所需存储的数据量,以找到最佳平衡点。

此外,计算机程序还应具备自动生成报告的能力,并能尽可能多的整合变量。能够列出超过预设阈值的所有机器振动水平,以及为不同机器部件设置警报级别并自动生成信号趋势,这些都是该程序的重用功能。鉴于现代计算机的大容量存储能力,获得出色的数据处理能力已成为可能,这使得用户可以轻松比较机械的历史振动趋势。

3.3　光谱分析仪

这些先进仪器具备将数据从时域转换至频域的功能，即集成了快速傅里叶变换编程。尽管现代计算机和频谱分析仪中强大的微处理器使得振动分析过程变得简单直观，但深入理解振动原理以及分析仪的工作机制，是从所收集数据中获取最大价值的关键所在。

3.3.1　光谱分析仪的一般说明

图3.1展示了频谱分析仪的框图，该分析仪的核心算法是快速傅里叶变换，负责将模拟输入信号从时域精确转换到频域。尽管市面上频谱分析仪种类繁多，但它们的基本构造大致相同，主要包括模拟输入块、输出处理器块和控制器块。控制器块通过高速串行端口接收微处理器发送的数据，并控制屏幕上的数据部署。这里的微处理器可以是外部个人计算机，其中运行着预测性维护的数据处理系统。

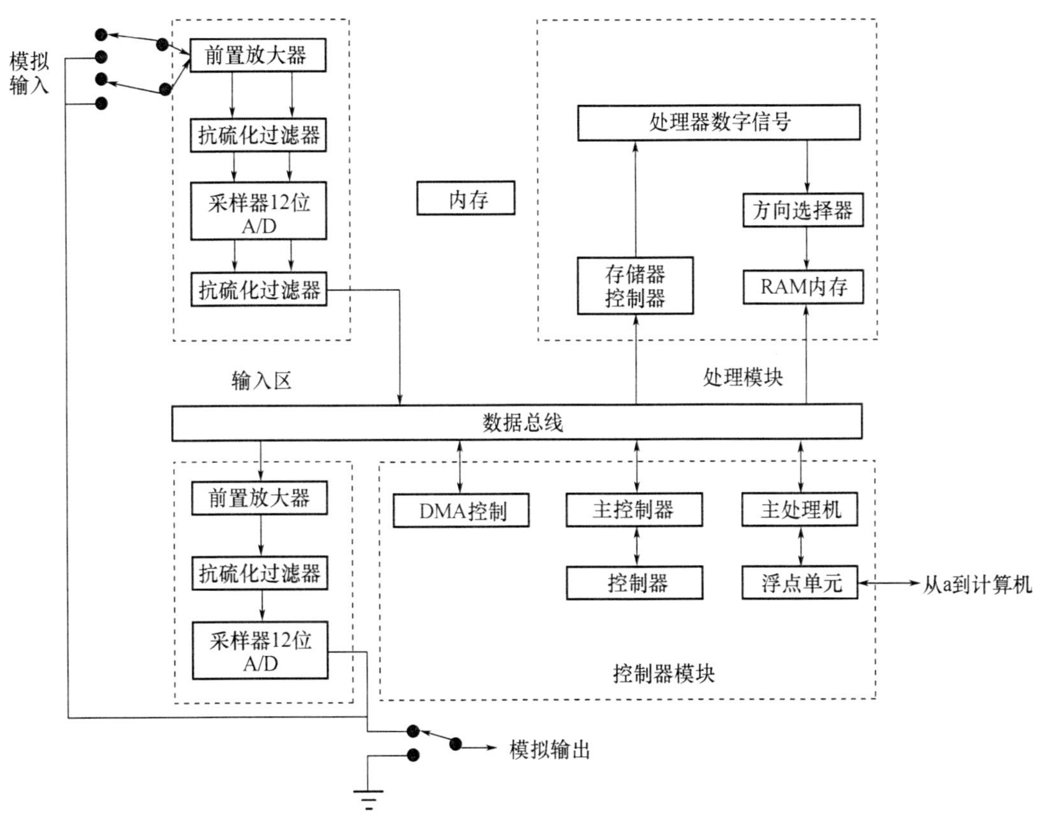

图3.1　频谱分析仪框图

输入信号首先被送入模拟输入块中的前置放大器，经过过载测试，确保信号在可承受范围内。随后，信号通过模拟滤波器，防止采样误差或混叠现象的发生。经过滤波的信号被数模（A/D）转换器以高频采样，确保信号的完整性。常用于预测性维护的频谱分析仪通常配备 12 位 A/D 转换器,工作在大约 50 kHz 的频率下。采样完成后,得到数字信号,再次进行过载测试,并应用数字滤波,进一步防止混叠现象。在此过程中,采样频率会根据所选带宽进行调整,通常保持在所定义带宽最大频率值的约 2.5 倍。

一些先进的频谱分析仪具备缩放功能,这为用户提供了更高的分辨率,使他们能够更细致地观察特定频率周围的细节。在整个模拟信号及其数字化的调节过程中,频谱分析仪必须确保所有潜在的采样误差(如混叠现象)都已得到有效衰减。这种衰减的程度通常以分贝(dB)为单位来衡量。

一旦信号被数字化,它会通过一个高效的系统进行传输,这个系统被称为直接内存访问(DMA)。DMA 确保了数据能够迅速且精准地通过数据总线进行传输,这在电子学中是非常关键的。

在微处理器内部,FFT 算法和窗口函数被精心编程。同时,系统还会验证数字化信号的电压电平,以防止微处理器在处理过程中出现电压饱和的情况。通常,对于包含 1 024 个采样点的序列,信号处理所需的时间大约为 30 ms。

随后,在输出处理器块中,具有数学协处理器的微处理器将 FFT 算法处理后的整数结果转换为浮点数序列。这些浮点数可以被发送至绘图软件或在计算机屏幕上显示。此外,该块还负责根据所使用的频谱显示设备类型,对图形的 X 轴和 Y 轴极限以及标尺类型进行编程设置。值得一提的是,一些高级的频谱分析仪还配备了模拟输出块,这使得数字化信号能够再次被处理为模拟信号。

分析仪的操作参数:为了有效地处理频谱分析仪的输入数据,有必要考虑每个操作参数之间的关系。也就是说,带宽(a_b)、分辨率线的数量(l_r)、采样时间(t_m)、采样频率(f_m)、要采样的点的数量(c_p)、两个连续分辨率线之间的间隔(Δf),以及采样的模拟信号的两个点之间的时间间隔(Δt)。这些参数之间的关系是 $f_m = na_b$,其中,$n \geqslant 2$(根据奈奎斯特的采样定理)

$$t_m = l_r/a_b, \Delta t = 1/f_m, c_p = t_m/\Delta t, \Delta f = 1/t_m$$

3.4 传感器

主要的振动检测传感器类型包括位移传感器、速度传感器以及加速度传感器。由于加速度计具有卓越的精度、宽泛的测量范围、简易的组装方式以及相对合理的成本,它们在实际应用中成为最为常见的选择。此外,对加速度信号进行数值积分以获取速度和位移数据的过程也相对简便。

3.5 压电加速度计

压电加速度计是一种产生与加速度成比例的电信号的装置。它由一个通过质量固定在基座上的压电晶体组成。底座固定在振动元件上,使整套加速度计随振动元件移动。当加速度计移动时,其内部的质量对压电晶体产生压力,产生电荷 q,从而产生电位差 E,如图 3.2 所示。考虑到力与加速度($F=ma$)成正比,负载与加速度成正比,加速度计提供的电信号与施加的力成正比。

在压电晶体壁上产生的负载由 $q=CE$ 给出,其中,q 是以库仑为单位的负载;C 是电容,单位是法拉；E 是电压。在加速度计中，通常产生的负载很小，因此以 pC(10^{-12} C)为单位进行测量。

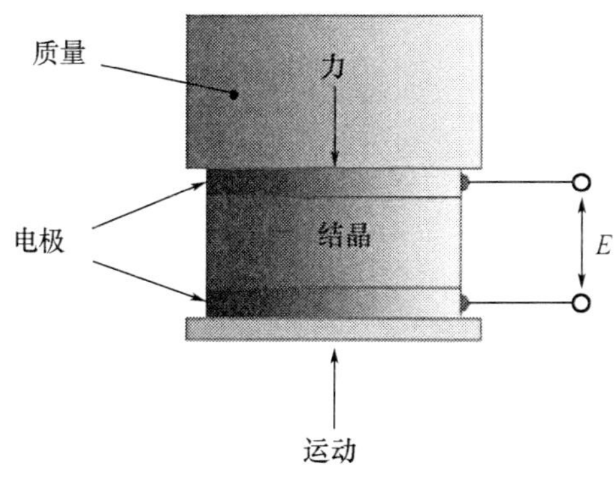

图 3.2 压电加速度计工作原理

压电加速度计作为振动测量的首选传感器，其结构可类比为单自由度系统的质量—阻尼弹簧模型，如图 3.3 所示。在第 1 章中，已详细探讨了该系统在时域上的响应特性。而在频域中，系统的响应则取决于其固有频率的取值，如图 3.4 所示。具体来说，若加速度计系统被巧妙地设计成拥有极高的固有频率，则其响应范围将趋近于恒定状态。在这一范围内，输入的运动与输出的电信号之间呈现线性对应关系。由于加速度计的工作原理与惯性力密切相关，它们常被形象地称为地震加速度计。在本书中，将这种设备简称为加速度计。考虑加速度计的电路参数，根据输出阻抗对加速度计进行分类，有低阻抗和高阻抗加速度计，如下所述。

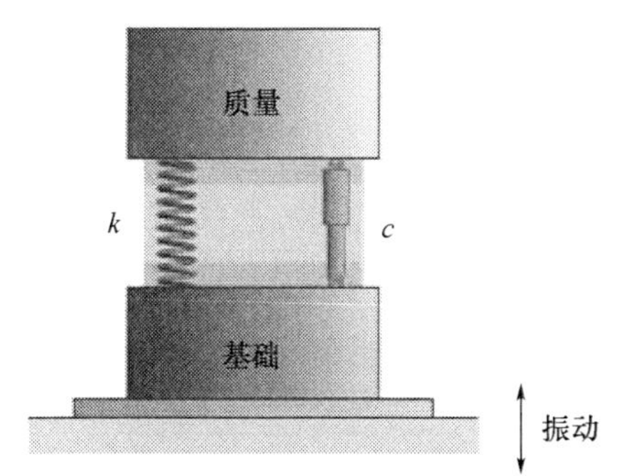

图 3.3 加速度计等效模型

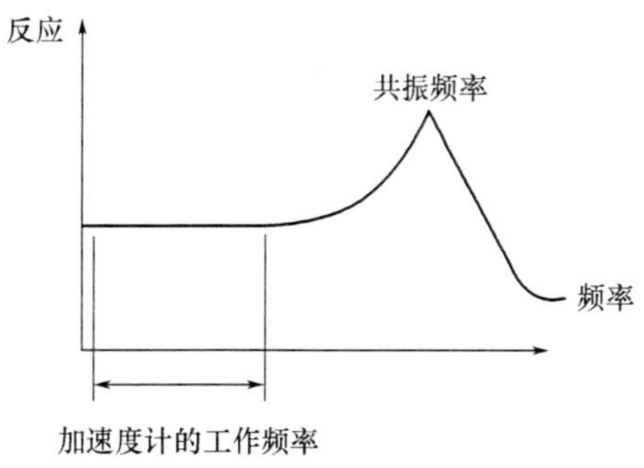

图 3.4 加速度计典型响应曲线

高阻抗加速度计：这类加速度计之所以称为高阻抗，是因为传感器元件直接连接到电路的输出端，输出阻抗大约为 10^{12} Ω。这类加速度计也称为负载加速度计，因为所施加的载荷与所施加的力成正比。通常，它们用于高温环境，不允许在传感器本身集成任何类型的电子电路。考虑到压电晶壁之间产生的电压，这类加速度计的等效电路可以看作是负载发生器，如图 3.5(a)所示，或电压发生器，如图 3.5(b)所示。

这些类型的传感器作为高电容阻抗源工作。这一特性在测量负载和电压时提出了特殊的问题，因为要将它们发送到某个遥远的监测点到测量点。这个操作需要使用电荷放大器或电压放大器。

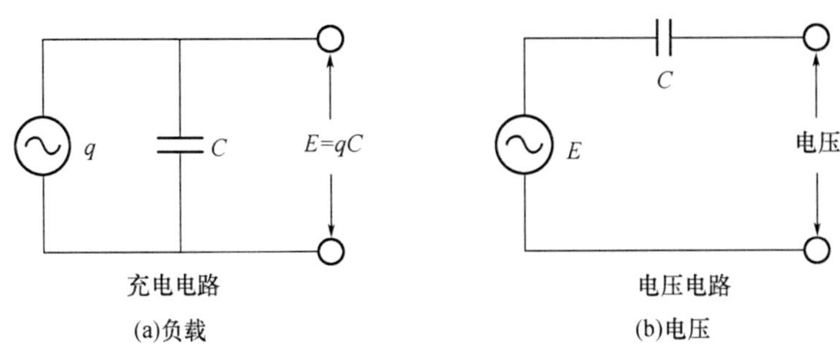

图 3.5　压电晶体等效电路

负载放大器:它是一种具有极高增益的放大器,其关键特性在于负电容反馈机制。这一机制确保输入电压几乎接近零。通过这种反馈,负载输入会在反馈电容中产生电压。具体来说,这个电压的大小等同于输入负载的值除以反馈电容的数值。值得注意的是,由于输入电压在此过程中被极大地削弱,几乎可以忽略不计,因此,输出电压实际上与反馈电容中的电压相等。反馈电容在决定输出电压与输入负载之间的关系中起到了至关重要的作用,这一点在图 3.6 中得到了直观的展示。

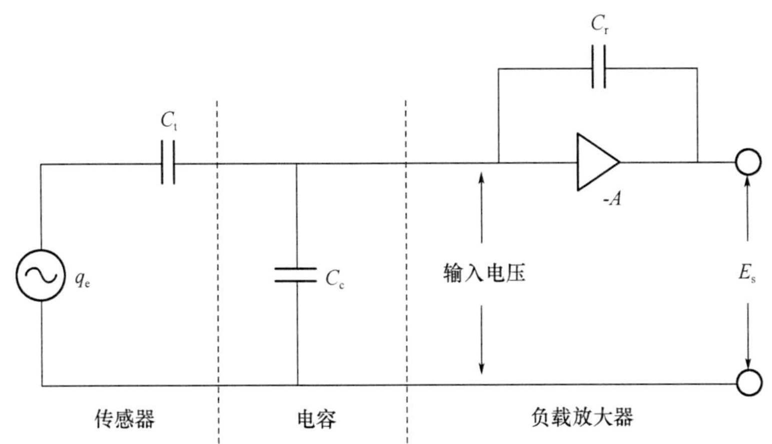

A:放大器增益;C_c:电缆增益;C_r:反馈电容器;C_t:电容传感器

图 3.6　带有负载放大器的加速度计的简化电路

通过观察图 3.6,可以推导出输入负载 q_e、输出电压 E_s 和反馈电容 C_r 之间的关系,即

$$E_s = \frac{E_e(C_t + C_c)}{C_r} = \frac{q}{C_r} \tag{3.1}$$

式中,q 是换能器产生的负载,用 q_e 表示。

负载放大器的主要优势在于其能够精确地感知电荷这一传感器关键参数,并且这种感知能力不受电缆长度的制约。这使得能够根据传感器的灵敏度(以皮库仑/加速度为单位表示)对电荷进行校准,从而确保测量结果的准确性。然而,作为一种覆盖整个电缆长度的高增益运算放大器,负载放大器对电缆中产生的电气噪声尤为敏感。具体来说,虽然换能器输出信号的电平并不会随着电缆长度的变化而变化,但该信号却很容易受到电缆产生的噪声水平的干扰。因此,为了确保低噪声水平,必须使用具有良好屏蔽性能的高质量同轴电缆。此外,为了防止电缆移动产生低频噪声,还需要对电缆进行固定。值得注意的是,虽然使用滤波器可以阻止低频率的传递,但这同时也会限制信息的传递,因此,并不推荐使用滤波器作为解决方案。

电缆在弯曲和冲击过程中的突然移动所产生的噪声,为使用负载放大器进行的冲击测量带来了不确定性。电缆产生的信号往往高于换能器本身的信号,因此,测量的重复性成为一个突出问题。而电压放大器在处理换能器信号时,将其视为与电容器串联的电压发生器,如图 3.7 所示。在此配置下,连接器电缆的电容以并联方式连接,从而构建了一个分压器,其特性与频率无关,受电缆长度的影响较小。在使用负载放大器的系统时,随着电缆长度或输入电容的增加,残余噪声也会相应增大,而信号的电平则保持不变。然而,在采用电压放大器并且使用更长或电容更大的电缆的系统时,输入信号的电平会降低,但噪声电平相对保持稳定。因此,无论是负载系统还是电压系统,随着电缆长度的增加,输入信号的电平和噪声电平之间的关系都会恶化,尽管造成这种恶化的原因不尽相同。

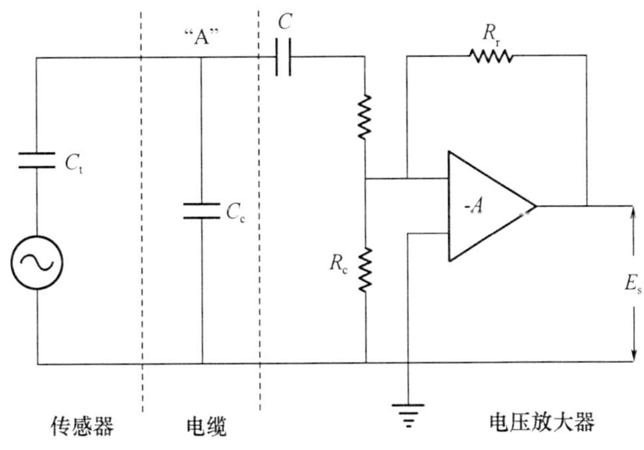

图 3.7 带电压放大器的加速度计的简化电路

具有高阻抗换能器的负载放大器是工业领域中应用最广泛的组合,这得益于其出色的输出灵敏度以及对电缆长度和电容变化的独立特性。然而,在实际应用中,必须注意选择低噪声电缆,因为此类电路对湿气、污染以及环境噪声均表现出高度的敏感性。

低阻抗加速度计:它巧妙地集成了检测压电晶体产生电压所需的电子电路,使其成为传感器不可或缺的一部分。这种设计使得测量点处实现了从高阻抗到低阻抗的转换,确保仅有低阻抗信号从传感器传输至数据收集器。此设计还采用了加速度计内置的微电路,其抗冲击性能卓越。更为便捷的是,这种加速度计仅需两根电缆即可实现供电与信号接收。对于此类加速度计而言,其灵敏度不再受电缆长度的影响,同时也无须额外配置外部信号调节器。

在图 3.8 中,显示了这些类型加速度计的典型电路。可以看出,通过场效应晶体管(MOSFET)来检测电阻 R 中记录的电压。该晶体管由恒定电平的直流电激励,并由参考电压极化。当压电晶体产生电压时,场效应晶体管的阻抗随着该电压线性地增加或减小。该电路通过电容器耦合到电源。系统的最小响应频率由电阻 R 和压电晶体的内部电容的值控制。

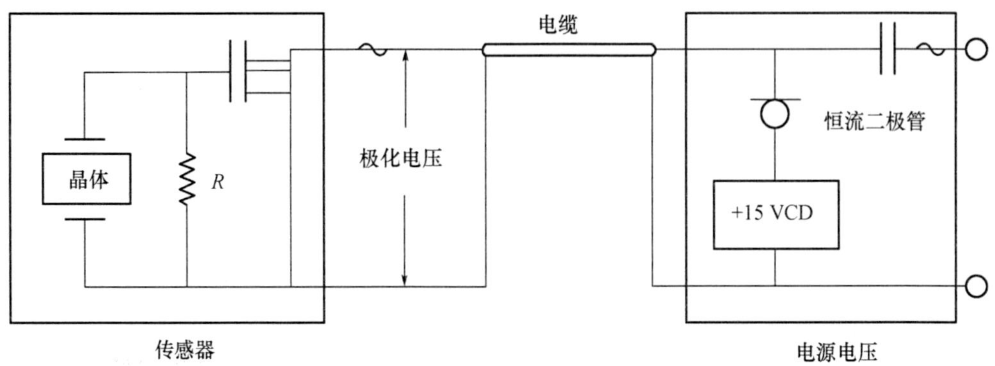

图 3.8　低阻抗加速度计的简化电路

这些电路具有约 0.95 的增益，其输出电压略低于放大器输入时的电压，表明电路电流得到了相应的增益。同时，这些电路在接近极化电压水平 80%的范围内保持着良好的线性特性。它们的输出阻抗大致在 500~1 000 Ω，而极化电压则在 5~8 V 波动。值得注意的是，当极化电压和电源电压提高时，输出阻抗可降低至 50 Ω，从而显著提升其灵敏度。

在低阻抗加速度计中，集成了用于信号处理的附加电路，例如仅允许某些频率通过或根据环境温度补偿操作的滤波器。在这些类型的加速度计中，可以获得高达 1 V/g 的输出，响应低于 1 Hz 的频率以及 $10^{-6}g$（g 为重力加速度）的噪声水平。

低阻抗加速度计的主要优势在于其独立性，不依赖于负载放大器，从而确保了极宽的工作范围。此外，它们具备极高的灵敏度，并且在电缆长度变化时，灵敏度的波动极小，这使得其性能更加稳定可靠。

压电加速度计的结构：图 3.9 清晰地展示了其横截面设计。从图中可见，晶体被巧妙地安置在地震质量与底座之间，而底座则与加速度计胶囊紧密而刚性地相连。这种设计经过实践验证，对机械负载和温度变化均展现出足够的抵抗力，确保了加速度计在各种环境下的稳定性和准确性。

在选择加速度计时，工作条件中的电气隔离是一项应考虑的至关重要的因素。因此，市面上存在配备电子隔离的加速度计，如图 3.10 所示。

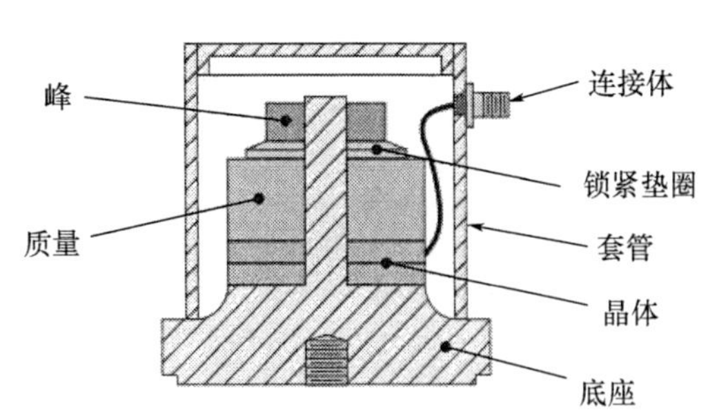

图 3.9　压电加速度计的横截面

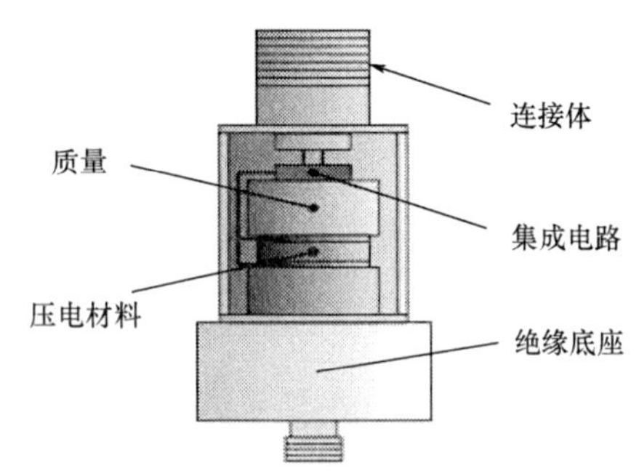

图 3.10　电隔离加速度计的横截面

噪声的主要来源:“噪声”这一术语,通常用于描述加速度计输出中那些不希望存在的信号。在加速度计中,电噪声主要来源于晶体及其关联的微电路,以及安装表面和周边设备的射频干扰。为了应对这些噪声源,特定类型的压电晶体可能产生低强度的杂散信号,因此与加速度计集成的微电路必须配备合适的滤波器,确保噪声阈值维持在 10~20 μV。此外,为了防止安装加速度计的表面成为噪声源,建议对该表面进行电气接地处理。同时,为了避免接地回路的问题,通常会在底座与绝缘材料(如尼龙、玻璃纸、酚醛树脂或塑料)之间安装绝缘螺母。

温度对压电材料的影响:温度变化和高温会对压电材料的某些特性产生影响,如电容、电阻率和压电常数。不同材料在温度变化下可能表现出不同的电容变化特性,这会导致加速度计的电荷和电压灵敏度发生变化。在极端条件下,压电材料甚至可能完全丧失其压电特性。尽管压电材料特性随温度的变化在传热问题中有其应用,但对于它们在加速度计中的使用,这种温度特性变化却是在分析可变温度环境中的振动测量时需要特别考虑的额外变量。

安装压电加速度计:将加速度计安装到要进行测量的机械元件上是确保加速度计正确性能的关键问题。安装刚度的变化可能会在从加速度计获得的信号中产生重要变化。根据应用情况,可以通过螺纹安装、黏合加速度计、使用磁性底座或用支撑杆固定加速度计来进行紧固。利用螺纹紧固加速计是确保更大刚度的方法,它通过双头螺栓将加速度计直接拧到振动表面上。采用这种安装方法,需要确保加速度计表面与轴向轴之间的垂直度。在这种情况下,为了避免加速度计底座变形,必须特别注意拧紧力矩,因为这可能会影响压电元件。

胶合方法通常只适用于较低频率的测量,原因在于黏合剂难以保证绝对的刚度,且其性能可能随温度变化而劣化。然而,由于其能够在多种测量点进行灵活固定,这种紧固方法在加速度计安装中相当普遍。在工业应用中,通过磁性底座固定加速度计也是一种常见的做法,尤其是在难以接近的位置,因为它能够方便地定位传感器。不过,这种固定方式有时会产生含有较高噪声的信号,甚至可能导致加速度计的线性范围减少 50%。

相比之下,通过支撑杆的紧固方法是最不推荐使用的。它可能导致测量的频率相对于使用螺纹紧固件时变化多达三分之一。因此,这种夹紧方法主要局限于低振幅和低频的加速度测量,并且通常仅用于比较测量或在高温环境下进行。

图 3.11 展示了加速度计在不同紧固方法下的典型比较响应。在选择加速度计时,需要明确指定一系列关键参数。每个参数都对应着与机械预测性维护相关的典型值和应用,这对于确保测量结果的准确性和可靠性至关重要。

灵敏度:加速度计的灵敏度由输出电压水平和测量加速度之间的关系定义;它通常表示为 mV/g,其中,g 是重力加速度。因此,如果加速度计以 9.81 m/s^2 的加速度产生或多或少的毫伏,则加速度计或多或少是可感测的。灵敏度值给出了测量时的特定温度和频率,也指示了公差。例如,加速度计的典型灵敏度为(100±5%) mV/g。

横向灵敏度:这是加速度计对垂直于其轴向的加速度的响应灵敏度。由于在切割或抛光压电材料时的机械加工缺陷,几何轴很少与压电材料的最高灵敏度轴精确重合。这一事实使换能器对切向加速度敏感。横向灵敏度表示为加速度计主轴灵敏度的百分比。此参数的典型值为 5%。

频率响应:指加速度计响应在一定公差内呈线性的频率范围。通常,加速度计的灵敏度指定为 1g 或 10g 的恒定加速度下 100 Hz 的灵敏度。加速度计的典型频率响应范围为

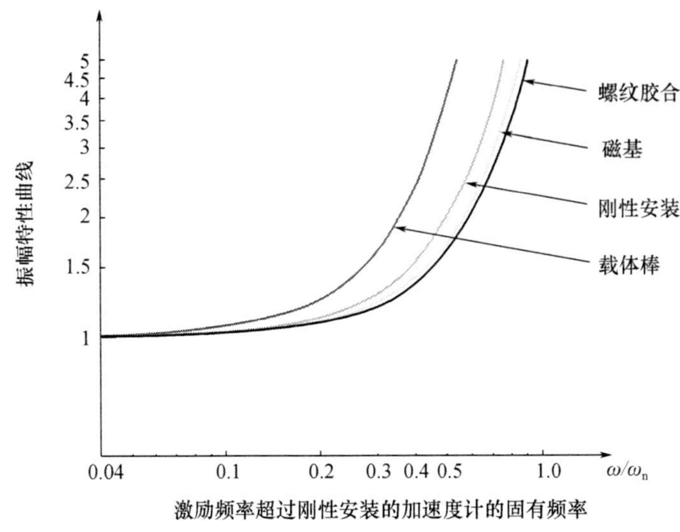

图 3.11　加速度计响应随紧固类型的变化

3 Hz 至 10 kHz,公差为 5%。在某些情况下,如果根据制造商提供的加速度计响应曲线对结果进行调整,则可以进行变化超过规定公差百分比的测量。

振幅响应:加速度计的此参数指的是其可以记录的最大加速度振幅,还规定了其响应在一定公差内呈线性的范围。通常情况下,加速度振幅是由传感器可以记录的最大峰值指定的。这种振幅响应的典型值为±80g(峰值),在高达±64g(峰值)时线性度为±2%。

抗冲击性:此参数表示加速度计在不损坏的情况下能够承受的最大加速度。它以 g 的水平表示。典型值为±5 000g(峰值)。

共振频率:这个量表示加速度计振动到其固有频率的频率值,因此其测量值不再有效。该频率应尽可能远离测量范围。通常,它是加速度计应用的最大频率的 2.5 倍。与机械振动测量相关的该参数的典型值应不小于 25 kHz。

噪声水平:此参数表示在换能器工作期间始终存在的加速度信号的值。该参数的典型值为 0.000 2g。例如,对于 100 mV/g 的灵敏度值,会有 0.02 mV 的信号,影响实际测量。

量程和灵敏度温度系数:这些参数表示加速度计可以工作的温度值,以及根据其工作温度输出信号的变化百分比。典型加速度计的工作范围为-50~120 ℃,灵敏度系数甚至可以在两个温度范围内表示,如-50~40 ℃为 0.03%/℃,40~120 ℃为-0.05%/℃。除了上述操作参数外,还应考虑以下参数:电压和电流要求、输出阻抗、电绝缘类型、连接器类型、紧固装置、密封类型、胶囊及其底座的材料、拧紧力矩。加速度计的质量不应该改变被监测机器的动态响应。

3.6　速度传感器

速度传感器,作为一种机电传感器,其设计初衷是直接测量振动运动,与加速度计有所不同,后者是检测固定在基座上的压电晶体所受的力。

在许多实际应用中,加速度计因无须定期重新校准(通常为每 6 个月)而更受欢迎。加速度计不仅无须验证,而且能在更广泛的频率范围内检测振动。当然,若使用加速度计,则可以对其输出信号进行积分来得到运动速度或位移。然而,速度传感器仍有其独特的应用价值。它们的结构更为简单,因此成本相较于加速度计更低。同时,速度传感器具有低输出阻抗,无须外部能量源来产生信号,能够使用两线传统电缆传输。此外,它们不会因电缆的灵敏度损失或污染而产生噪声,因此,这类传感器在监测各种旋转机械,特别是涡轮机械时,扮演着重要角色。

速度传感器的工作原理主要依赖于永磁体、弹簧、线圈和外壳的相互作用。从速度传感器的横截面图(图 3. 12)中,可以清晰地看到线圈是如何通过连接在套管上的弹簧悬浮的。磁铁固定在外壳上,并有一个气隙,使磁力线能够垂直切割线圈。当电场线被切割时,线圈两端会产生电位差,而该电压与套管相对于线圈的速度成正比。

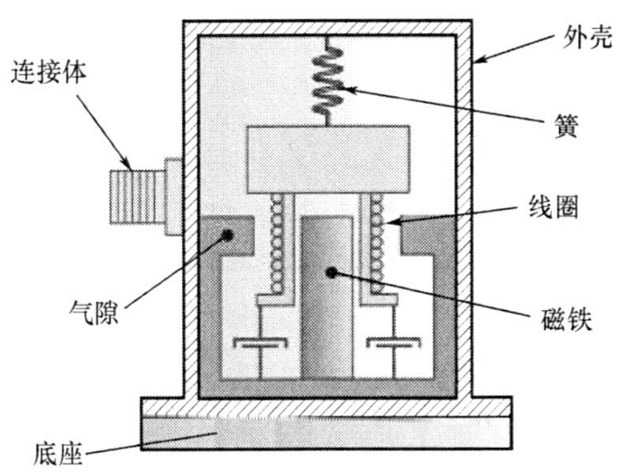

图 3. 12　速度传感器各部件示意图(截面)

当换能器的固有频率(即弹簧—质量系统)低于速度变化的频率时,线圈几乎保持静止,此时产生的电压与机匣的绝对速度成正比,如图 3. 13 所示。大多数速度传感器都设计有阻尼机制,最常见的形式是基于感应电流,尽管也存在黏性或电阻尼。阻尼的目的是在换能器以接近其固有频率的频率振动时,限制质量(线圈或磁铁)的振幅,以确保测量的准确性和稳定性。

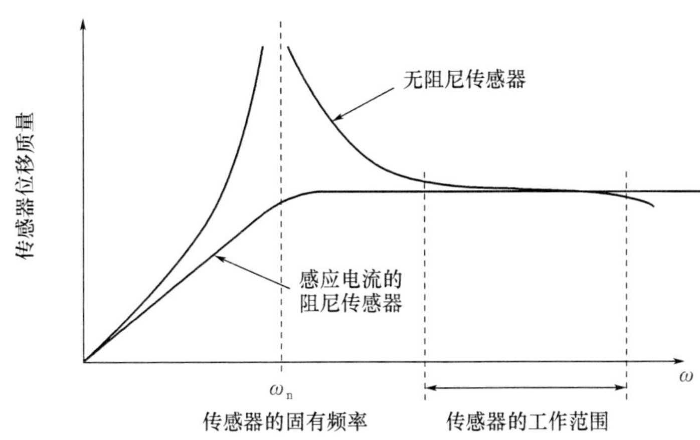

图 3. 13　变频器的工作范围

移动线圈式速度传感器:这是一类特殊的传感器,其核心部件是一个能够沿磁场方向移动的线圈。这种传感器能够输出与施加在其上的速度成正比的信号。在转子应用中,特别设计了一个滚珠轴承,其中,导轨和弹簧的精密配合确保了传感器与测量对象之间始终保持良好的接触,从而避免了信号丢失的问题。

从图 3.14 中可以清晰地看到,旋转速度与杆的垂直运动之间存在着直接的正比关系。这意味着要测量的速度会直接作用在杆上,进而影响线圈在磁场中的运动状态。当磁棒随着被测速度的变化而沿着线圈产生的磁场运动时,会产生一个电压信号,这个电压信号与被测速度成正比。

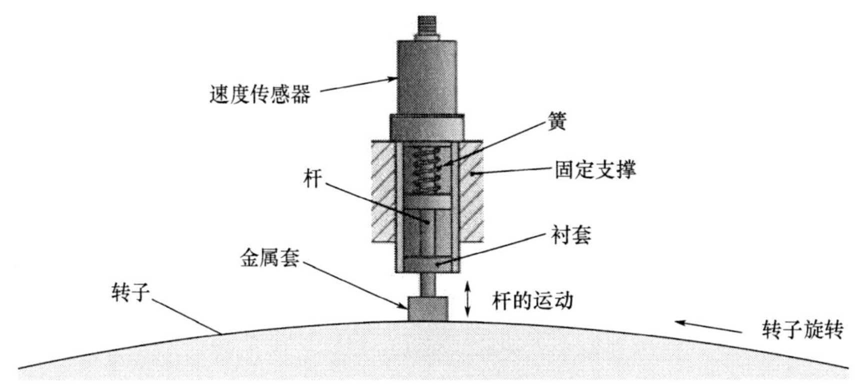

图 3.14　动圈速度传感器

指定速度传感器的主要参数如下,括号中是机械预测性维护应用的单位和典型值。

· 灵敏度(34.9 ~ 53.15 mV/cm/s);
· 频率响应(10 Hz 到 3 kHz);
· 温度范围(-40~280 ℃);
· 固有频率(5~17 Hz);
· 安装轴(垂直或水平);
· 最大加速度(50g);
· 质量位移范围(2.54~10 mm,峰峰值);
· 输出阻抗(500 Ω 左右)。

3.7　涡流位移传感器

非接触式传感器的工作原理丰富多样,涵盖了电容式、光学式和超声波等多种原理。尽管存在可变磁阻类型和其他基于感应电流(如涡流或福柯电流)的磁阻类型,但本书将重点阐述涡流(感应电流)的工作原理,因为它们在机械预测维护程序中应用最为广泛。感应电流型位移传感器能够产生与换能器和振动表面之间间隙成正比的电信号,而这些元件在测量过程中并无直接接触。

在一般描述中,感应电流型位移传感器主要由探头、延长线和振荡器解调器等元件构成。图 3.15 所示为这种换能器的总体布局,清晰地展示了各个组件之间的关系和布局。

探头:它是一个小的螺纹钢体,在它的一端有一个螺旋线圈。线圈通常由环氧树脂、陶

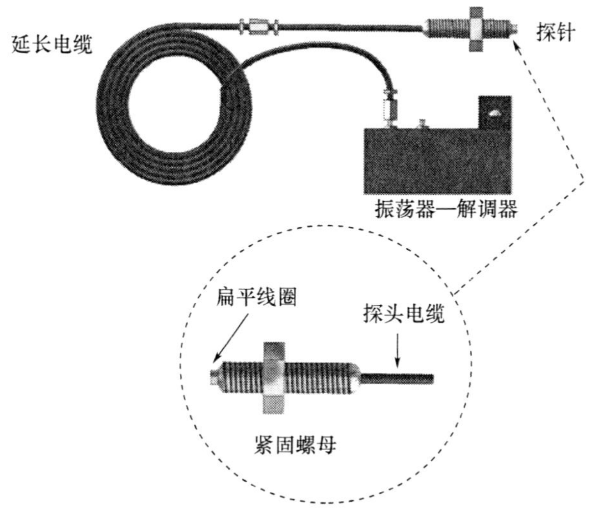

图 3.15 感应电流型位移传感器

瓷或玻璃纤维制成的封装保护。这个保护罩的厚度约为 0.25 mm。要小心使用这个盖子，因为如果让探头摩擦一些移动的表面，它很容易被破坏。

延长电缆：用于连接探头到振荡器—解调器。这种连接是通过容感性谐振电路进行的，其中，探头是感应部分，而电缆是电路的电容元件。由于电缆的电容根据其长度而变化，因此仅使用经过振荡器—解调器校准的电缆和探头是很重要的。如果改变加长电缆或探头与连接电缆一起使用而没有要求长度，那么传感器将需校准。

振荡器—解调器：该装置是感应电流型位移传感器的核心组件，负责提供必要的能量来维持由探头和电缆构成的谐振电路中的振荡。这一电路的谐振频率大致维持在 2.5 MHz 左右。当探头与被测物体之间的间隙发生变化时，振荡信号的幅度会受到电流变化的影响而产生调制。解调器则起到分离信号包络的作用，如图 3.16 所示，从而确保获取到准确的测量信号。随后，这一信号会被送入线性放大器进行放大，最终得到一个与测量间隙成比例的电压信号。

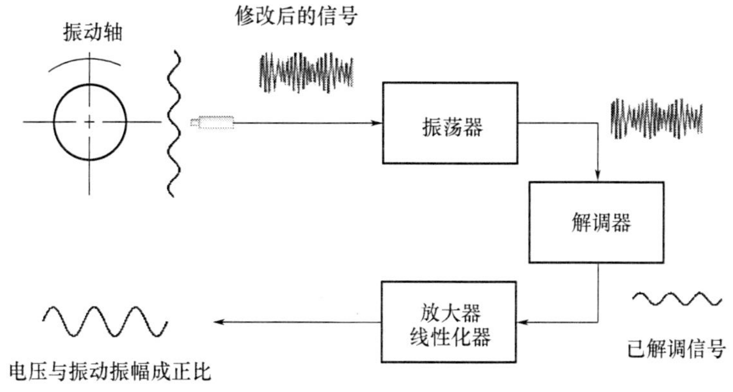

图 3.16 位移测量的处理

大多数振荡器—解调器需要-24 V或-18 V的负电压供应。值得注意的是,电压供应越高,换能器的线性范围越大。此外,由于不同类型材料的转子对传感器响应的影响差异显著,因此每个振荡器—解调器都需要有其独特的校准曲线以确保测量准确性。在旋转设备的位移测量中,这种类型的传感器通常以毫厘为单位进行读数,即千分之一英寸(0.001英寸=0.025 4 mm)。与其他传感器相比,感应电流型位移传感器最大的优势在于它们适用于低频测量,并具备出色的温度稳定性。

第4章 振动的原因和影响

4.1 监控工厂机械参数

实现最佳预测性维护的核心要求之一是找到最具成本效益的方法来监测设备、机械和系统的关键操作参数，从而预防潜在的故障。为了确定这些参数，需要深入了解设备、机器以及工业厂房内最常见系统的整体功能。将设备分类为机械、电气或涉及传热和/或液压的设备，有助于更好地认识它们各自的设计特点和操作条件。

一般而言，机械系统由驱动单元、联轴器和最终执行器组成。这些系统包含多种运动部件，如轴、往复机构、凸轮、齿轮、滑轮和传动带。例如，驱动单元可能包括电动机、燃气轮机、蒸汽轮机或内燃机。联轴器元件则可能包括联轴器、齿轮箱、皮带、链条和滚珠轴承。最终执行器可能是泵、风机、传送带、磨机或其他工艺设备。鉴于这些设备的共同特点，监测其运行状态最常用的方法是记录和分析振动数据。这些机械系统的主要动力来源通常是由运动中的电场和磁场元件或流体产生的。

机器的工作状态由速度和负荷之间的关系决定。它可以在多种条件下运行，如匀速恒载、匀速变载、变速恒载或变速变载。根据运行方式的不同，振动的频率和振幅也会有所变化。在这些条件下，机械系统的每个部件都会产生特定的激励力，这些力通过机械连接传递给其他部件。这些传递的力导致振动，因此测量特定点的振动可以提供关于机器设定操作条件的重要信息。

当激励力增强时，振动频谱也会被放大。本章将深入探讨最常见的振动源，并分析频谱如何因振动幅度的增加和频率成分的增多而被放大和扩展，从而识别出与机器部件故障相关的频谱上的频率信号。

4.2 不平衡原因

当设备的旋转轴的质量中心与轴的几何中心不重合时，这种不平衡现象便会产生。这时，一个谐波力会垂直于转轴作用，由于机械系统固有的弹性特性，系统将会因此产生振动。这种不平衡现象的主要原因通常与制造过程中的缺陷、滚珠轴承的磨损、轴的不对中、弯曲、热变形以及机械基础故障等因素有关。由于这些原因产生的力可以表示为 $F_D=mr\omega^2[\sin(\omega t-\varphi)]$，其中，$F_D$ 为激励力，m 为要考虑的圆盘的质量，r 为重心与转轴之间的距离，ω 为转子角速度和相位角。

因此，转子呈现的不平衡取决于其质心相对于其支承的相对位置。在预测性维修相关的术语中，质心的位置称为重心，如图4.1所示。根据该点的位置，最大振幅（$mr\omega^2$）或最大不平衡力（F_D）被检测到的位置可能存在差异。振动分析中一个非常重要的量是测量轴支承两点之间的相位角（φ）。如果在同一方向的轴的两个支承上测量角度，则在转速（ω）保持不变的情况下，该角度将得到一个稳定的值。同样，如果在旋转轴的任何径向方向上测量,振动的振幅几乎保持不变。可能存在的振幅差异是由于转子支持径向刚度的变化。图 4.2 给出了旋转设备中用于记录相角的传感器最常见的位置。

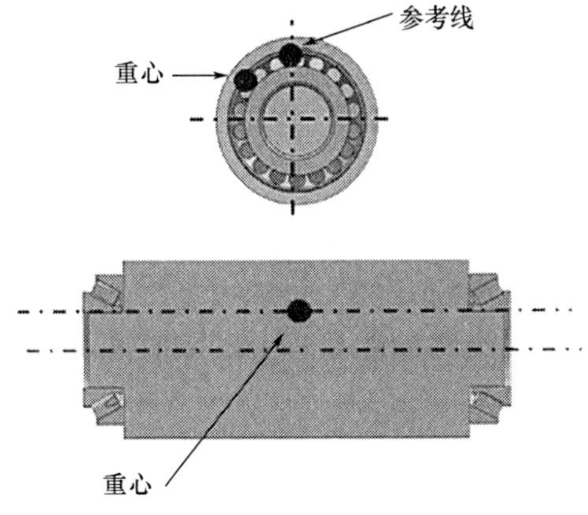

图 4.1　转子重点概念示意图

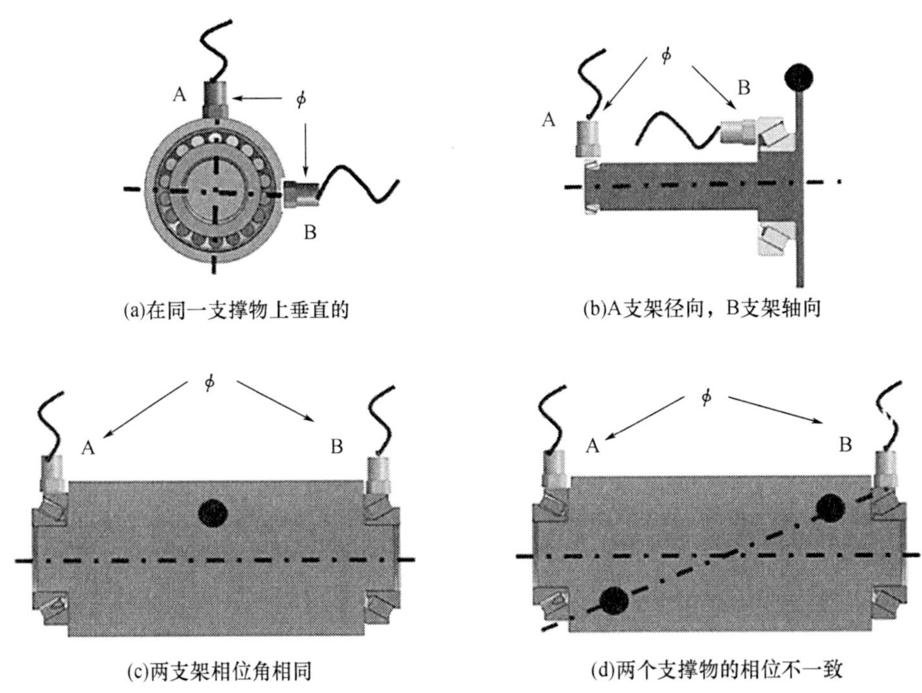

图 4.2　测量转轴相位角的传感器位置

图 4.3 展示了不平衡情况下的典型频谱。在此频谱中,可以观察到一个明显的峰值,它对应于轴的旋转频率($1X$)。当轴上安装有多个圆盘,且每个圆盘都存在质量偏心时,轴的旋转将产生一个特定的频谱。特别是当旋转频率与任一圆盘的固有频率相重合时,频谱上会出现显著的信号峰值,如图 4.4 所示。

在严重不平衡情况下将伴随轴向振动。对应频谱中的峰值将出现在转频的倍数或次倍数处。当在悬臂梁中安装转子时会出现特殊的不平衡现象,如图 4.2(b) 所示。与安装在

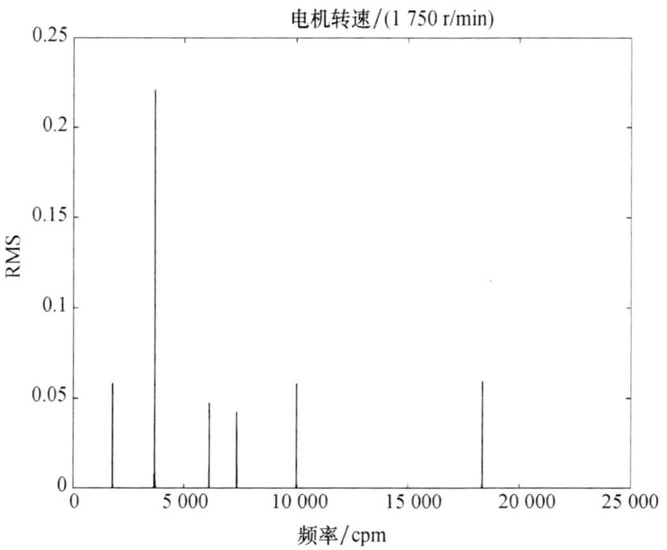

图 4.3　不平衡情况下的频谱

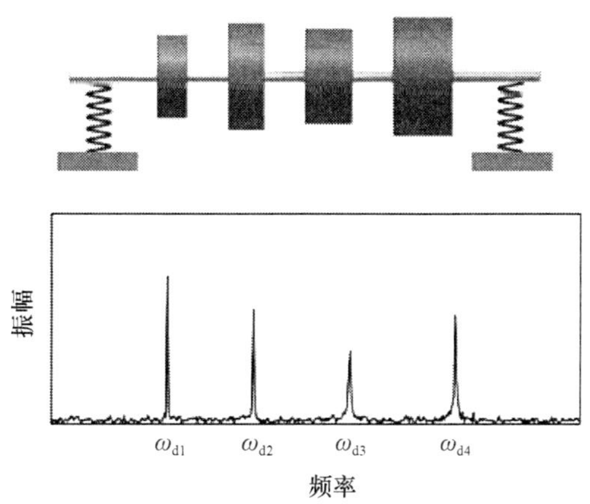

图 4.4　不同临界转速下转子的典型频谱

两轴承之间的转子不同,仅安装在一个轴承上的转子其轴向振幅可能大于径向振幅。

当旋转频率与系统的某一固有频率重合时,不平衡现象尤为严重,并将产生共振现象。当振动引起的变形超过转轴的材料疲劳最大限度时,将发生过早失效。

还有其他的振动形式将在频谱中转轴转频处出现峰值,这与不平衡故障的频谱非常相似。例如,轴在平衡情况下产生的偏心旋转会产生严重的定向振动,即水平和垂直方向的振幅相差很大,相位角却接近 180°。

轴的弯曲通常由热膨胀或轴的自重引起,图 4.5 所示为大型汽轮发电机转子。轴弯曲产生的振动主要作用于轴向方向,并使得二次谐波频率($2x$)处产生峰值,在旋转频率($1x$)处产生另一个较低幅度的峰值。两轴承之间的相位角在 180°左右,如图 4.6 所示。

对于由多个转子组成的大型汽轮发电机轴,通常通过保持转子低速旋转来避免弯曲。在一些轴弯曲案例中,过度弯曲是由动态不平衡载荷引起的,一旦轴停转,弯曲就会恢复。

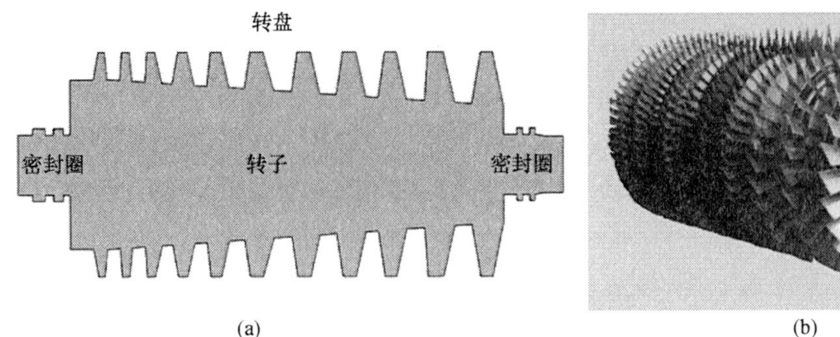

(a)

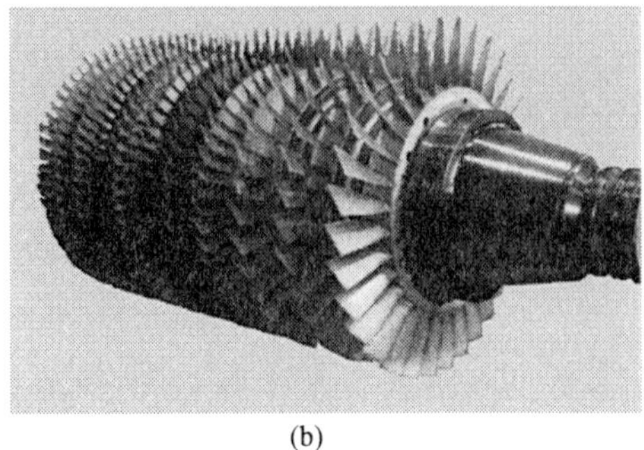

(b)

图 4.5　燃气轮机转子

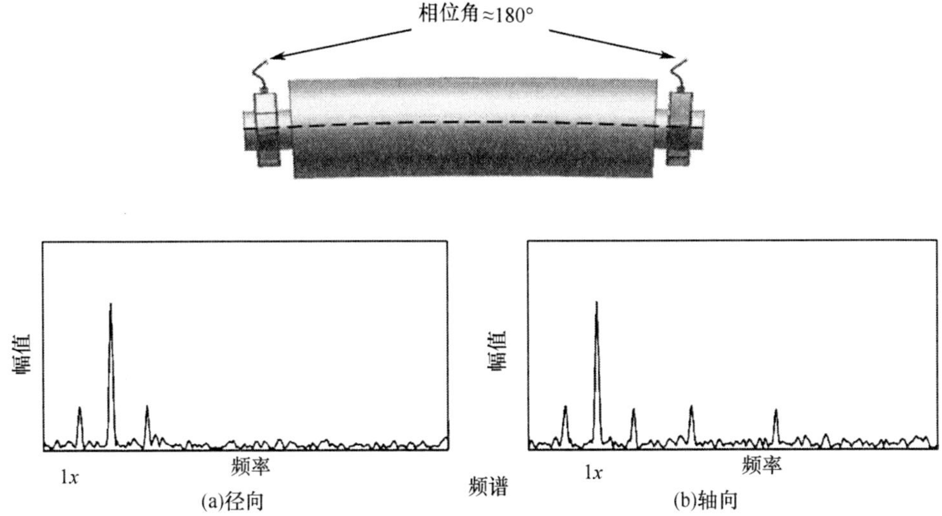

图 4.6　弯曲轴横向、轴向的相位角和典型谱

这种情况大多出现在运行速度接近临界速度的竖井中。电机中由于绕组的电气问题可能会使轴弯曲，例如，局部区域温度升高会引起热膨胀使轴产生变形。

4.2.1　不对中故障

两轴之间的联轴器或转轴与滚珠轴承之间不共线称为不对中故障。该故障有三种类型：角错位、平行不对中以及滚珠轴承错位，如图 4.7 所示。上述类型的不对中将产生轴向和径向载荷并立即引起轴在对应方向上的振动，振动频率为轴的旋转频率（$1x$）及其倍频（$2x$，$3x$ 等）。

角错位的特点是在轴向上呈现旋转频率（$1x$）和其二次谐波（$2x$）耦合的高幅值振动。二次谐波的幅值比基频高 30%左右，联轴器两侧的相位角大约为 180°。

平行不对中故障下转轴将产生幅值较大的径向振动。典型频谱表现为基频（$1x$）和二次谐波（$2x$）处存在峰值，其中，二次谐波幅值比相应基频高约 50%，此故障下轴向振动的振幅很低。

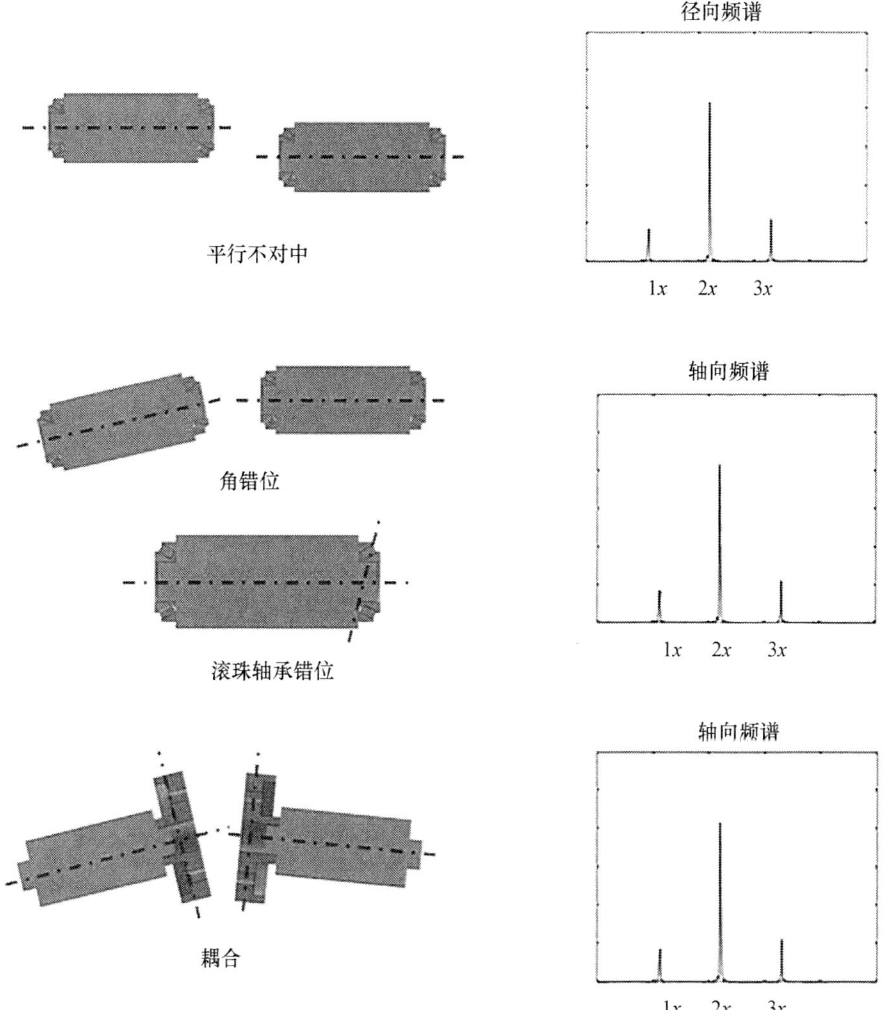

图 4.7　不对中故障示意图及其频谱、相位角

由于轴承装配不当而出现的滚珠轴承错位故障主要导致转轴轴向振动。此时，频谱中基频和二次谐波（$1x$ 和 $2x$）占主要成分，径向相对点之间的相位角大约为 180°，如图 4.8 所示。

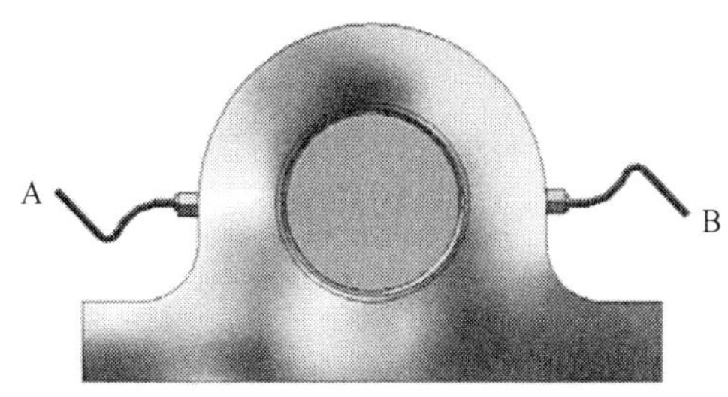

注：A 与 B 振幅相似；相位角大约为 180°

图 4.8　滚珠轴承错位时的幅值和相位

针对滚珠轴承错位与角错位难以区分的情况，通常的做法是将设备解耦并独立验证滚珠轴承错位。如果错位程度过大，任意工况下频谱中均将出现更多基频（$1x$）的谐波（$3x$，$4x$，…）。

大多数与振动有关的故障并不是单独出现的，很难找到只包含关于单一故障信息的信号，例如只存在不对中故障或不平衡故障。此外，两种不同故障类型的频谱可能非常相似，这种情况下可以用矢量图来进行分析。在矢量图中，只要知道所研究设备部件质量就可以表示激励力的大小和方向，从而表示加速度振动信号的幅值和相位角。从实验的角度来看，预防性维修的标准做法是先从解决最简单的故障开始，并不断监测频谱的变化。

4.2.2　齿轮

齿轮系统的振动是其运行过程中所固有的。当齿轮接触时将产生相互作用力，导致相互接触的齿轮之间产生间隙和变形，从而引起振动。间隙越大，齿轮组振动幅度就越大。每当齿轮间接触时就会产生冲击从而引起振动。冲击频率称为齿轮频率（GF），等于齿数乘以转子角速度，即 $GF = Nx$，其中，N 是齿数，x 是轴的旋转频率。

当齿轮状态良好且齿轮同心时，齿轮频率处幅值较低。如果齿轮被磨损，齿轮接触点处的包络线会发生扭曲，振动波形将不再是谐波。齿轮变形会激发齿轮频率的二次和三次谐波（2GF 和 3GF），因此，这些频率是齿轮磨损的良好先兆指标。

当齿轮啮合偏心或啮合故障位于某些齿轮时，齿轮频率将发生调制现象，如图 4.9（a）所示，频谱中将出现边频带，如图 4.9（b）所示。边频带的间距等于损伤齿轮轴的旋转频率。由于振幅最大值将出现在损伤齿轮轴的旋转频率上，因此，在频谱中也可以识别出产生更多振动的转轴。

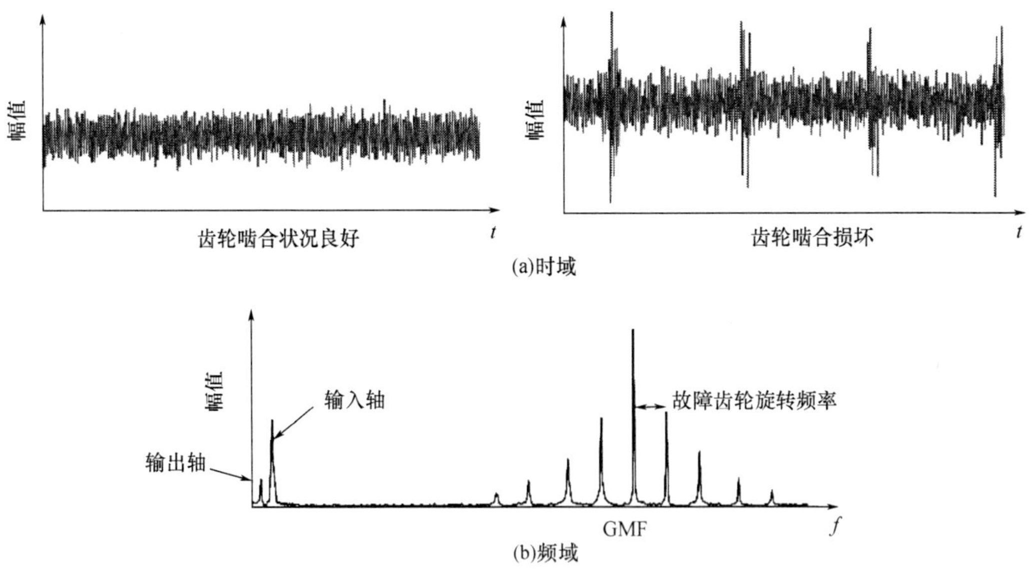

图 4.9　损坏齿轮的典型振动

在时域上测量齿轮振动对于确定轮齿状态大有裨益。一方面，如果测得的信号是谐波，表明齿轮状态良好；另一方面，如果信号发生调制，则表明齿轮啮合存在问题。齿轮状态良好的频谱中齿轮系两个轴的旋转频率和齿轮频率(GF)处必然会出现峰值。

为了对在齿轮啮合频谱中观察到的信号进行正确的分析,需要考虑到信号对负载变化非常敏感,因此频谱中存在的振幅很大的谱峰并不一定表明齿轮损坏,。然而,如果边频带信号幅值较齿轮频率(GF)高,则表明齿轮发生啮合损坏故障。

轮齿的表面光洁度将严重影响齿轮啮合产生的噪声。此类噪声主要是高频低振幅振动。影响齿轮系统动态响应的另一个重要因素是齿廓同心度不足,这将导致在基频倍数频率处产生峰值。如果与齿轮系统任意固有频率产生共振,这种影响将更加明显。

典型齿轮啮合刚性振动特征为齿轮啮合频率处产生峰值,并伴随一系列对称边频带峰值,它们彼此间隔距离等于转频,如图 4.10 所示。

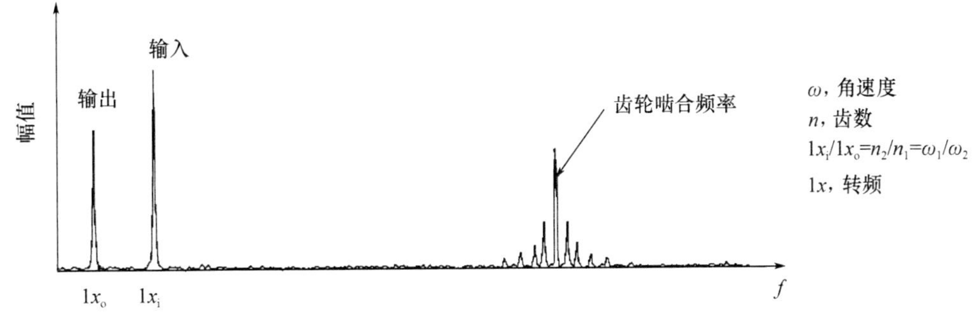

图 4.10 齿轮啮合的主要工作参数

从预防性维修的角度来看,齿轮啮合振动的低频成分比高频成分含有更多故障信息。这是因为低频振动与制造误差有关,例如齿间距误差、齿廓误差或者与噪声高度相关的齿轮弹性。

作为本节中所提概念的总结,图 4.11 显示了齿轮磨损、齿轮啮合间隙过大和齿轮错位的典型频谱。

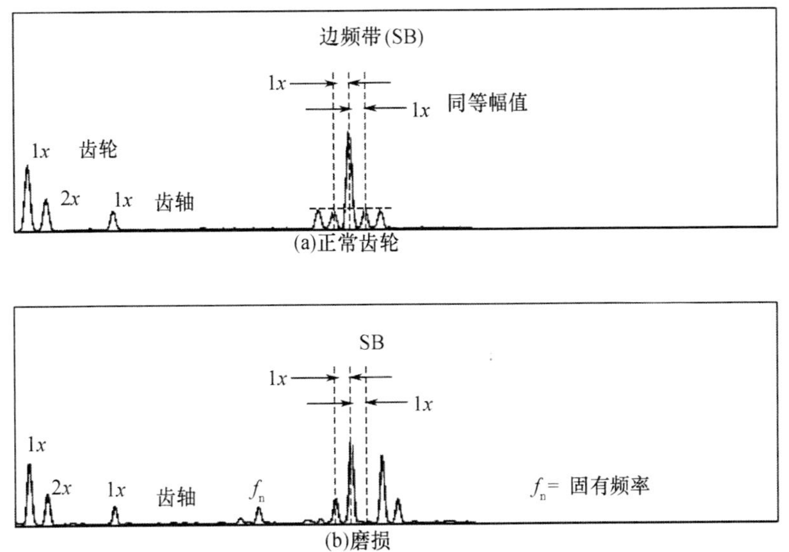

图 4.11 齿轮故障的典型频谱

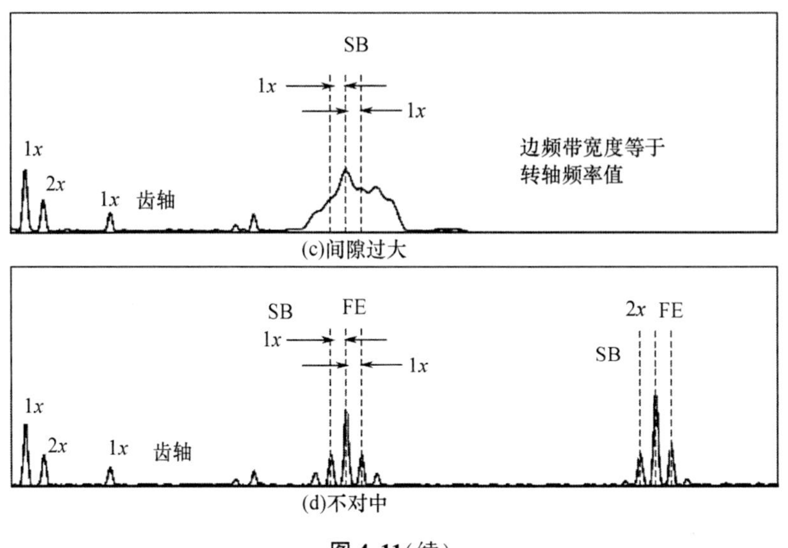

(c)间隙过大

(d)不对中

图 4.11(续)

4.2.3 滑动轴承

滑动轴承的作用是通过油膜为运动部件和静止部件提供接触条件。图 4.12 展示了其主要部件:轴、壳体和油膜,以及由滑动轴承转子稳定性所决定的油膜行为产生的作用于这些部件上的力。

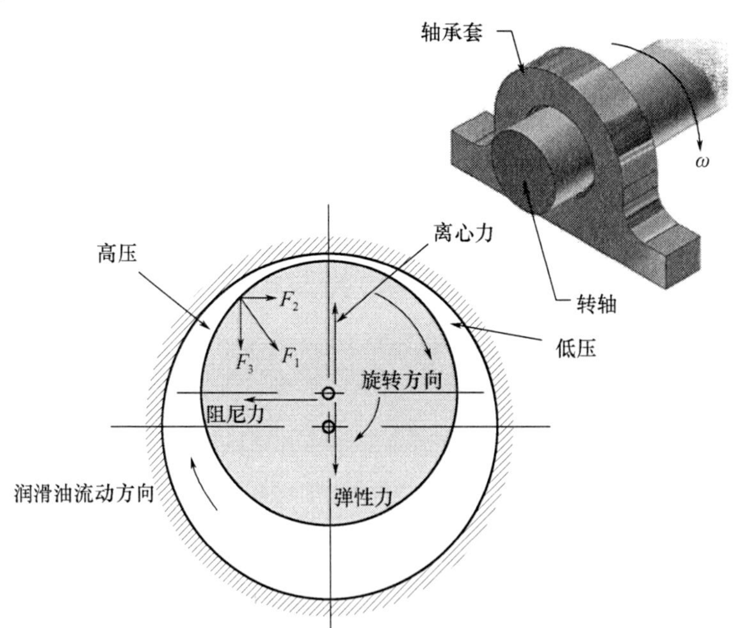

图 4.12 滑动轴承的作用力示意图

滑动轴承通过油膜工作,该油膜负责提供因轴旋转而产生的径向力的反作用力。通过这种方式,轴漂浮在油膜上,因此轴的同心度随系统的油压、油温、油的性质、外部负载、转速和运行条件而变化。

在稳定工况下，根据设备设计规范，轴应当保持在规定的工作范围位置内。然而，当工作条件发生突变时，轴的位置将受到干扰，产生频率为分数倍基频的振动，从而进入不稳定状态。在滑动轴承中，不稳定性有两种：涡动（油膜涡动）和振荡（油膜振荡）。涡动不稳定状况下，轴大约以旋转速度的一半（0.5x）绕着滑动轴承的壳体运行。这种运动是由黏度和油压的变化，或者附近设备振动等外部激励力引起的。如果系统的阻尼足够大，轴将恢复正常运行。否则，振动的增加可能导致油膜破裂，并在滑动壳体内侧和轴之间产生金属接触。当轴处于涡动不稳定状态且激励频率接近轴的固有频率时，就会发生振荡不稳定。这种不稳定的特征是相对于滑动壳体的轴发生进动，如果不及时纠正可能导致灾难性故障。

在频谱中，滑动轴承不稳定存在于0.4x至0.48x（x为轴转速）范围内，如果其频率达到0.5x，则认为不稳定性已经非常严重。图4.13显示了滑动轴承不稳定故障的典型频谱。

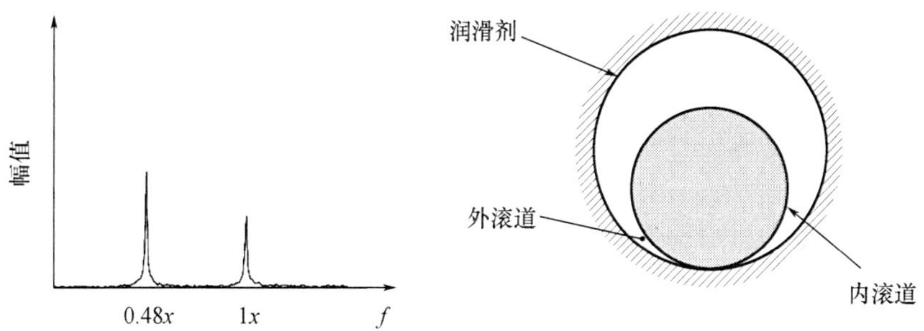

图4.13　滑动轴承不稳定故障的典型频谱

4.2.4　滚珠轴承和滚子轴承

滚珠和滚子轴承等机械部件与滑动轴承一样，在静态结构上支承起旋转轴，如图4.14所示。通常情况下，球轴承由非常坚固的内圈滚道和表面硬化的外圈滚道组成，两个滚道之间有一系列滚子、球或锥体。这类轴承的优点是摩擦系数低，使得轴能够精确地对齐，此外还有出色的应对瞬时过载的能力，润滑便捷以及可以同时承受轴向和径向载荷。

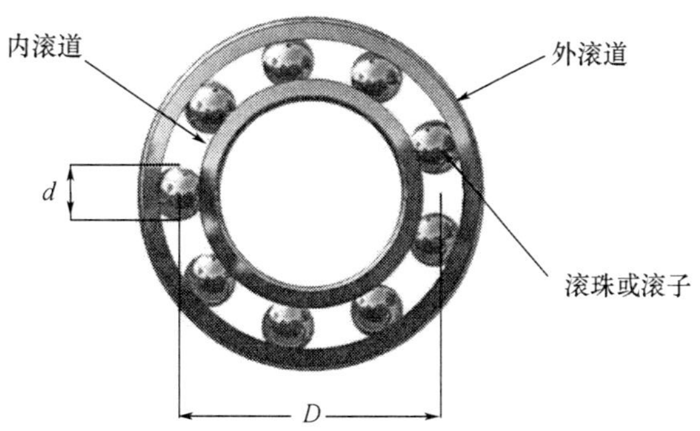

图4.14　滚珠轴承的典型部件

滚珠或滚子轴承的承载能力从根本上取决于旋转部件对载荷和磨损的承受能力，这种能力与设计的使用寿命（运行速度的函数）有关。每个轴承的运动部件都会产生与其转速相关的振动。因此，以下四种基本频率在运行时是不同的。

滚珠的旋转,以“BSF”(滚珠旋转频率)表示;与保持架旋转(保持架基频)有关的频率,以“FTF”表示;与滚珠在外环运行轨道(球通过外圈频率)有关的频率,以“BPFO”表示;与滚珠在内环的旋转(球通过内圈频率)有关的频率,以“BPFI”表示。根据轴承几何参数,得到以下表达式,使我们能够在频谱中定位与每个轴承部件相关的频率峰值。

“BSF”频率与滚珠或滚子在自身轴上的旋转有关,计算公式为

$$\mathrm{BSF}=\frac{1}{2}(1-r^2)x \tag{4.1}$$

由于滚珠每转一圈与内外圈均要接触,因此滚珠的故障频率为2BSF。保持架旋转频率(FTF)的计算公式为

$$\mathrm{FTF}=\frac{1}{2}(1-r)x \tag{4.2}$$

外圈故障直接影响球的自旋频率,故球通过外圈频率为

$$\mathrm{BPFO}=\frac{n}{2}(1-r)x \tag{4.3}$$

如果缺陷位于内圈,也会影响球的自旋频率,故球通过内圈频率为

$$\mathrm{BPFI}=\frac{n}{2}(1+r)x \tag{4.4}$$

上述表达式中:

$$r=\frac{d}{D}\cos\alpha \tag{4.5}$$

式中 x—转频,Hz;

D—节圆直径;

d—球或滚子直径;

α—滚珠与保持架的接触角;

n—滚珠数量。

当轴承尺寸未知时,为了确定与保持架相关的滚珠旋转频率,通常使用以下经验公式:

$$\mathrm{BPFO}=0.4nx,\mathrm{BPFI}=0.6nx$$

对于高负荷、高转速下运行的设备,轴承对设备寿命的影响占比很大。尽管轴承故障可能是设备中另一部件故障的反应,设备中与振动有关的故障也往往首先发生在轴承上。一般来说,轴承是任何旋转机械中最薄弱的部件,因此由弹性材料制造的滚珠或滚子在结构和运行过程中可能存在的微小差异都将影响转轴的运行。由于它们对设备的影响是随机的,因此很难定义绝对标准的动态响应,尽管如此,仍然可以将其分为四大类:(1)与设备基频有关的故障;(2)与滚珠或滚子内圈通过频率有关的故障;(3)与滚珠或滚子外圈通过频率有关的故障;(4)与滚珠或滚子旋转频率有关的故障。利用上文提出的关系式,可以在每个特定设备的振动特征中计算和识别这些频率。

轴承振动既可以由其自身故障引起,也可以由其他机械部件引起的振动反映到轴承上。在对故障进行频谱分析时,可以使用窄带滤波检测到这种振动。

轴承中最常见的故障类型是球表面剥落、表面疲劳,以及由于密封环在转子或外壳上滑动而产生的磨损。特别注意,此类故障振动频谱与机械摩擦故障相似。图4.15给出了轴承故障的一般演变阶段。第一阶段频谱主要集中在1.2~18 kHz范围内的高频随机振动;

第二阶段激发出较低频率的振动(500~2 000 Hz),但其振幅高于高频振动;第三阶段频谱上出现与轴承旋转基频相关的振动,即可以识别 FTF、BPFO 和 BPFI;第四阶段,轴承的损伤已经非常严重,旋转基频振动幅值大幅增加并且伴随大量低频成分的出现。

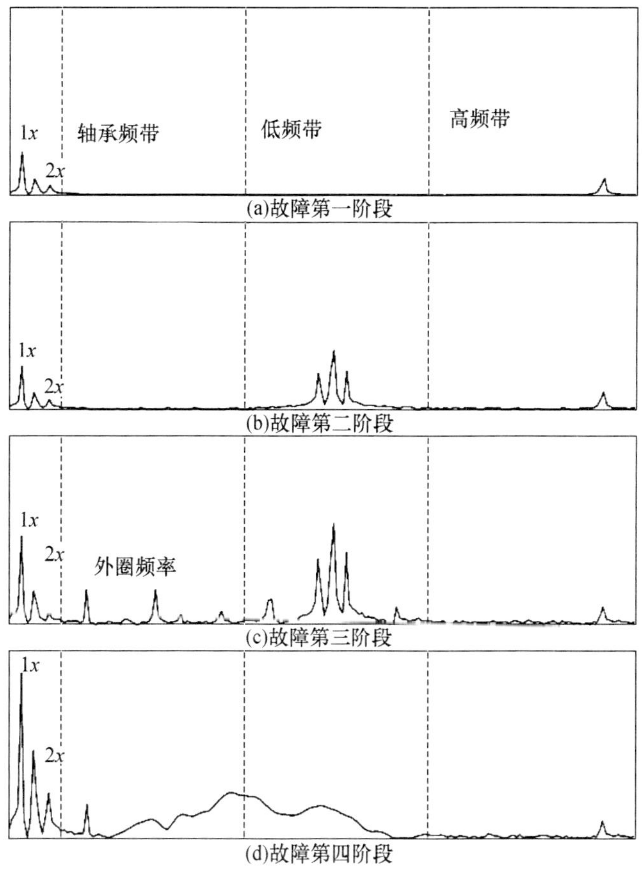

图 4.15　随轴承故障严重程度增加的频谱演化图

4.2.5　传动带和皮带

在带式机械联轴器中,带磨损、张力不足、滑轮和带本身的偏心不对中是引起振动的主要原因,这些原因都与带通过频率(PF)有关。PF 作为皮带轮系统几何参数的函数(图 4.16)由下式给出:

$$PF = \pi f_1 \frac{d_1}{L} \tag{4.6}$$

其中:

$$L \approx \pi \frac{d_1}{2} + \pi \frac{d_2}{2} + 2l \tag{4.7}$$

式中,如果 f_1 以 Hz 表示,那么 PF 也将以相同单位表示。

如果皮带磨损或松动,频谱中 2 倍频和 3 倍频处将出现峰值,4 倍频处振幅较低。这种振动是相对于轴—皮带轮运动方向的横向振动。当滑轮错位时,频谱中在从动轮和主动轮

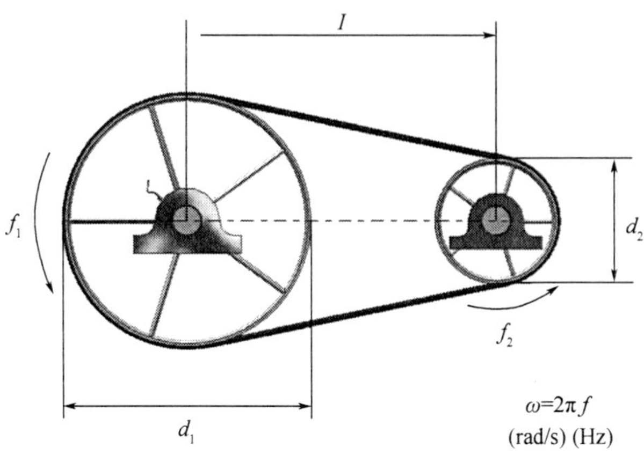

图 4.16　皮带轮系统的几何结构

的旋转频率处均会出现较大幅度的峰值,在转频处振幅更大。如果滑轮偏心,滑轮的转频处将出现峰值。对于在皮带运动方向(即与轴旋转方向横向)上采集的振动信号,该峰值的幅度将显著增加。图 4. 17 给出了皮带磨损故障的典型频谱。

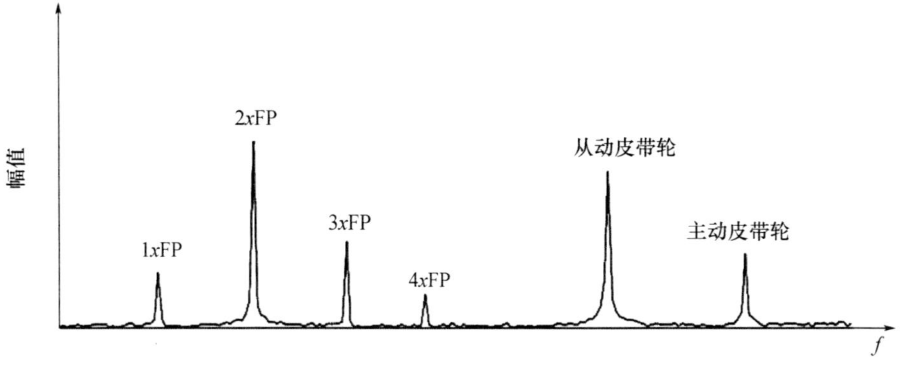

图 4.17　磨损带的典型频谱

4.2.6　链条、凸轮和机械装置

由于机械部件种类繁多以及机械设计中的新技术,不可能对它们进行全面的分析。然而,分析它们的运动的方法与前文相同,即将出现在部件、设备或系统频谱中的峰值与其工作条件以及当前工作环境相关联。例如,基于链齿轮的传动由于其几何形状会产生振动。在这些系统中,振动是由于链条滚子与链齿轮之间的间隙以及链齿轮在与链条啮合时的挠曲而引起的。这样,振动频率与形成链条的链节数量、链节尺寸以及链轮之间链条长度均相关。

对于凸轮,圆周运动(凸轮)转换为振荡运动(从动件)时会产生重复的激励力,再加上由于设备部件弹性产生的强制振动,在频谱中凸轮的转速和从动件的振荡频率都会被反映出来。有了这些信息,就可以表征凸轮产生的振动特征。同样,铰接杆机构在设备中承担运动转换功能,通过其可以传递可变的激励力。我们总是可以测量这些运动和力来获得系统的振动特征,并将运行工况与频谱中观察到的峰值联系起来。

4.3 影 响

在预防维修中,应用振动分析对于确定产生过度振动的原因具有重要意义。本节将介绍故障振动产生的影响,如疲劳、部件松动、机械部件之间的摩擦、噪声、舒适性和安全性。

疲劳:为了表征材料在交变载荷(振动)作用下的行为,利用图表将施加的应力水平与载荷循环次数联系起来,如图 4.18 所示,表示材料的承载能力随加载循环次数增加的衰减情况。

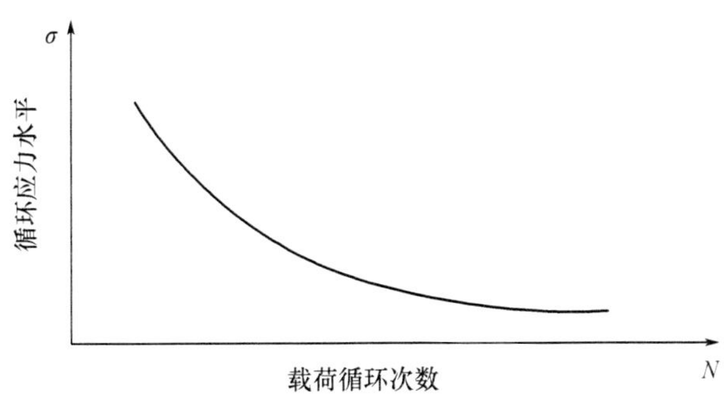

图 4.18 机械元件材料疲劳典型曲线

在设备中,交变载荷可以在拉应力、压应力或两者混合作用下产生,如图 4.19 所示。设备的某一特定部件所受的振动强度越大,该部件在交变载荷条件下工作的时间就越短,即振动幅值会直接影响应力水平。

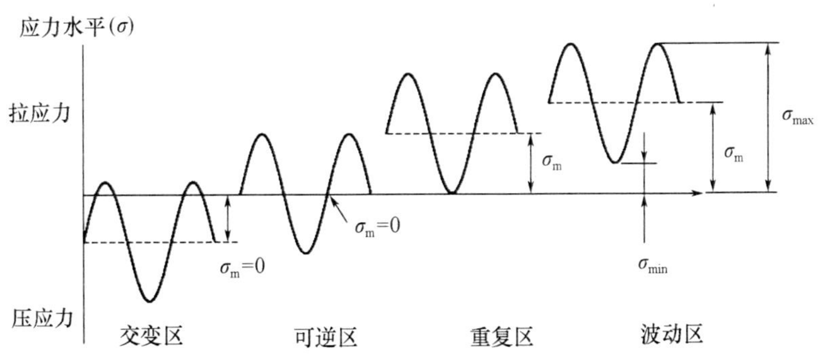

图 4.19 荷载—应力关系变化

4.3.1 松动

机器部件连接处的松动可能是由于初始装配不良或过度振动造成的,然而无论何种原因,松动一旦产生,由于动态效应引起的振动放大作用将使松动加剧,继而产生不对中和不平衡故障,图 4.20 反映了机械系统中的松动情况。

一般来说,松动问题是非线性和随机的,其原因可能是机器本身存在问题、某些部件的

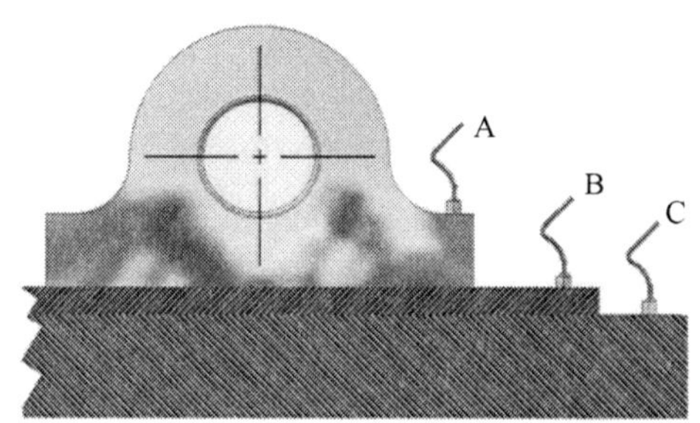

图 4.20　机械支架松动示意图

机械故障或装配不良。考虑到这种随机性以及多样的激励源,典型的松动故障频谱会在机器运行基频的倍数和次倍数处出现峰值,如图 4.21 所示。

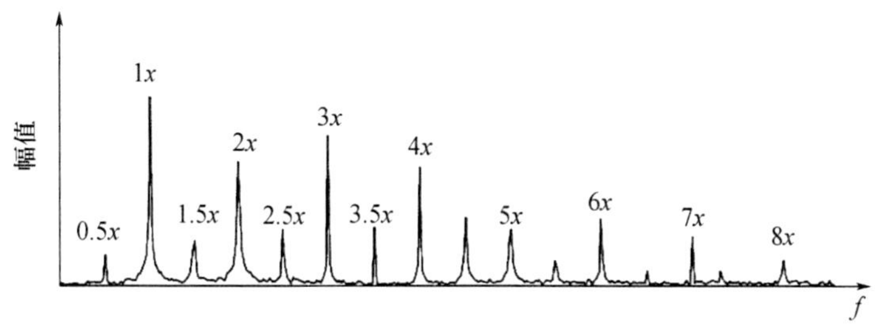

图 4.21　松动故障典型频谱

4.3.2　摩擦

过大的振动幅度将使可移动部件之间产生摩擦,从而导致灾难性故障的发生。例如,转轴与滑动轴承表面的巴氏合金接触、电机转子与定子发生接触、压缩机及汽轮机的叶片与扩压器发生接触、转子与密封或联轴器罩的摩擦、叶片与其外壳发生碰撞。

进行振动持续监测是诊断摩擦故障的一种可行的预防维修技术,也就是以规则的时间间隔记录频谱,从而观察信号的变化。例如,在机器启动时显示振动频率随轴角速度的变化。在最初的启动阶段,通常基频占主导地位(1*x*);然而,当存在摩擦时,振动谱在 0.5*x* 处出现峰值。如图 4.22 所示,在大多数情况下,0.5*x* 处的峰值幅度将大于基频。

局部摩擦时的局部接触将产生次同步频率(低于基频)的振动,在频谱中被识别为 0.25*x*、0.33*x*、0.5*x* 等峰值。如果局部摩擦发生在高负载下,占主导地位的次同步频率为 0.5*x*。此外,如果摩擦剧烈,峰值也会出现在次同步频率的倍频处(1.5*x*、2*x*、2.5*x*、3*x*、3.5*x* 等)。

在承载进动的滑动轴承产生完全摩擦时,该现象会在相反的方向上出现,即转子在一个方向上旋转却在相反的方向上运行。这种现象非常不稳定,并可能导致灾难性的转轴故障。该现象的另一个特点是含有故障信息的谱线从共振频率开始,其频谱上的信号与旋转频率无关。

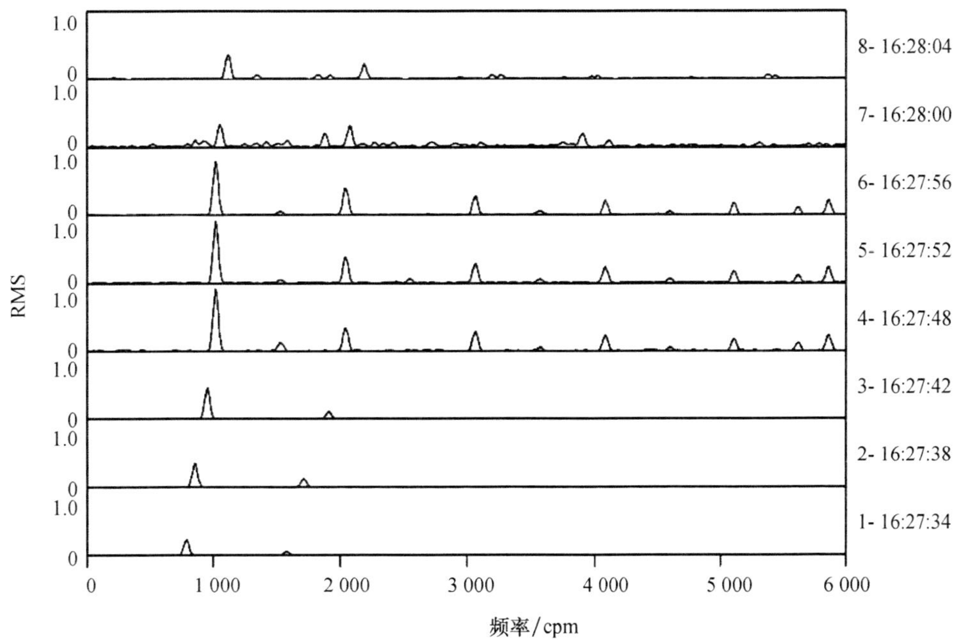

图 4.22 摩擦故障旋转机械启动时的顺序频率(级联)频谱

4.3.3 噪声

由于对机器操作员舒适性和安全性的影响,使得机械振动和预防维修过程中产生的噪声必须被重视。

测量噪声级别最常用的单位是分贝(dB),它表示两个量之间的相对关系。在噪声测量时,参考的是人类的感知阈值。噪声监测记录的是空气的扰动,定义为作用于物体的扰动引起的压力变化。人耳耳膜所记录的感知阈值在 20 微帕斯卡(20 μPa)左右,以此为基准测量噪声,单位为 dB。

以分贝作为噪声测量的基准,可以建立设备噪声级之间的关系,并定义这种噪声的频率和水平,与机器操作员的噪声感知相关联。值得注意的是,噪声感知水平因人而异,因为人体某些组成部分的固有频率是不同的。人体某些部位固有频率范围见表 4.1。

表 4.1 人体某些部位的固有频率范围

系统	固有频率/Hz
胸腹	3~5(站姿)
	20~30(坐姿)
眼睛	60~90
下颚	100~200

作为参考，图 4.23 给出了不同设备的噪声水平和人类对该噪声的感知水平。

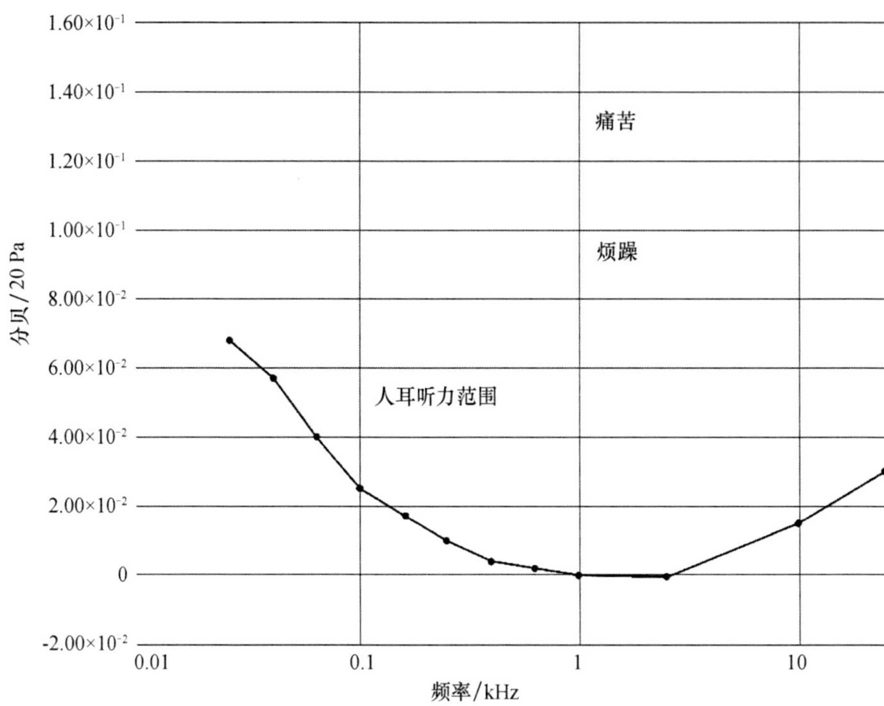

图 4.23　人类对噪声的感知水平

第 5 章　对中和平衡方法

5.1 引　言

不平衡是旋转机械最常见的动态故障,此故障会造成额外的能源损耗、过大的振动和噪声,并且对于高速运行的设备其产生的离心力会造成灾难性的损坏,减少不平衡故障的发生可以降低运营成本,对工业生产具有重要意义,本章重点介绍在该领域最常用的不平衡检测和校正技术。

旋转设备的平衡即使转子的质心与转轴相匹配,平衡转子最常用的方法有向量法、影响系数法和分析法。

完全平衡几乎不可能存在,因为机械元件有制造偏差和间隙;更关键的是轴具有弹性,在运行过程中也会产生弯曲。由于不可能完全消除不平衡,因此转子的重心与转轴重合实际上也是不可能的,每种应用情形都有其平衡公差。标准 ISO 1940—1:2003(E)①为平衡不同类型的转子提供了实用的建议并进行了分类,见表 5.1,其中规定了转子可以具有的最大切向速度(V_m),能够承受转子的最大偏心率(e)取决于角速度(ω)。表 5.1 确定了最大切向速度 $V_m=\omega e$(e 为从转轴到转子质量中心的距离)。若已知转子的质量(m),最大离心力也可由关系式 $F_m=m\omega^2 e$ 得知。

允许的不平衡余量由表 5.1 确定。定义为

$$U_{per}=\frac{V_m m}{\omega} \tag{5.1}$$

允许的不平衡余量比为

$$e_{per}=\frac{U_{per}}{m}=\frac{V_m}{\omega} \tag{5.2}$$

让我们通过一个例子来说明如何应用。电机以 1 750 r/min(183.3 rad/s)的标称速度运行,转子的质量为 0.5 kg。根据表 5.1,V_m=6.3,因此允许的不平衡余量为

$$U_{per}=\frac{6.3\times 0.5}{183.3}=0.017\ 18(\text{kg}\cdot\text{mm})$$

不平衡余量比为

$$e_{per}=\frac{6.3}{183.3}=0.034\left(\text{kg}\cdot\frac{\text{mm}}{\text{kg}}\right)$$

若以 g 为单位:

$$U_{per}=\frac{1\ 000\times 6.3\times 0.5}{183.3}=17.18(\text{g}\cdot\text{mm})$$

不平衡余量比为

---

① 该标准的新版本是 ISO 21940—11:2016。

$$e_{per} = \frac{1\ 000 \times 6.3}{183.3} = 34.36\left(g \cdot \frac{mm}{kg}\right)$$

5.2 对　　中

在进行设备平衡之前,必须确保其正确对中,因此要求壳体能够受到良好的支撑,并且与毗邻设备连接良好,不对中的设备会在两台机器中产生振动,导致联轴器、轴承和密封件过早磨损。

机械系统中不对中的主要原因之一是设备组装不当;另一个原因是在室温下进行的对准,当设备开始运行时,热膨胀导致轴发生错位。在高扭矩机械中,不对中故障发生的另一个重要原因是联轴器的不均匀磨损,以至于过大的扭矩使其中一台机器错位。一般情况下该故障会在设备运行时显现出来,并且只能通过振动分析进行检测,角速度越大对对中的要求就越严格。

热膨胀的影响也是至关重要的,因为轴向膨胀很容易补偿,而且不直接影响设备的对中,但是横向膨胀对轴的空间位置有显著影响。利用热流体对设备(例如汽轮发电机)进行对中时热膨胀是一个关键影响因素,热膨胀会导致壳体发生不同程度的变形,从而引起轴承空间位置的变化。

表 5.1　平衡方式分类,按最大切向转速 V_m

平衡质量等级 G-V_m	典型应用案例
G-4000	低速水下使用的柴油发动机曲轴
G-1600	大型四冲程内燃机的曲轴
G-630	水下使用的柴油发动机曲轴
G-250	活塞排量速度大于 10 m/s 的四缸柴油发动机曲轴
G-100	活塞排量速度大于 10 m/s 的六缸柴油发动机曲轴,汽油和柴油内燃机的曲轴,适用于汽车、卡车和机车
G-40	汽车轮胎、车轮、汽油或柴油内燃机(六缸或更多气缸)的曲轴
G-16	带有电机的转子,例如螺旋桨和万向节转子;农用机械零件和磨削设备;汽车、卡车和机车的发动机组件
G-6.3	工艺机械部件、水下使用的涡轮机、离心鼓风机、通风机、燃气轮机转子、飞轮、泵送设备增压器、机床、电动机
G-2.5	燃气和蒸汽涡轮机、涡轮发电机转子、增压器、机床、具有特殊规格的电动机、涡轮泵
G1	记录系统(磁带和光盘)、光盘播放机、抛光机、高速电机
G-0.4	陀螺仪、高精度抛光机的光盘和钻头

注:平衡质量等级表示转子的最大切向速度(V_m),可以达到转子重心,单位为 mm/s。

合理的设备布置方式可以在进行对 V_m 中时每次只调整一个部件,必须使设备在水平和垂直两个平面上都得到校准,不可移动有连接管道的设备或地基以免使操作更加困难。

任何设备的对中方法都包括以下几点:对中时确定两台设备处在最佳运行状态;测量两台待对中设备的相对位置;计算设备需要移动到的最佳位置并将其移动到该位置。

两台设备转轴之间的相对位置通常用表盘千分尺(模拟)、数字千分尺以及新型的激光设备来测量。当减速器对中时,由于齿轮的偏心以及系统的轴向运动可能引起测量偏差,因此应注意小齿轮的受损情况。

在某些情况下,可以在设备正常运行温度下对其进行校准,这时要在移动设备时测量其振动剧烈程度。该方法可能需要花费更多时间,但比在设备未启动时进行对中效果要好。

设备对中是一种成本较低的维护方式,可以显著减少许多机械系统的振动问题。

5.3 平　衡

在设计和运行各类旋转或往复运动机械时,必须要考虑到平衡问题,它可以有效避免有害振动,同时最小化对周围设备的作用力。平衡是能够消除由机械部件(连杆、转子等)引起的与运行速度直接相关的不良惯性力的一种技术。

设计公差决定了机械零件的制造规格及制造成本,当公差减小时制造成本便会增加。为了在制造成本和可接受的振动水平之间有合适的取舍,应用平衡技巧使设备正常运行是十分有必要的。

平衡分析中的一个基本概念是不平衡的转子可能会引发共振。图5.1显示了由两个轴承支撑的转子,假定不平衡发生在距平衡位置为 a 和 b 的转盘上,离心力为 $F_{\mathrm{m}}=m\omega^2 e$。这样,支承的反作用力表示为 $F_1=\dfrac{F_{\mathrm{m}}b}{a+b}$ 和 $F_2=\dfrac{F_{\mathrm{m}}a}{a+b}$,与前几章中讨论过的质心位移类似,重心移动的距离如下式所示:

$$\overline{OA}=\frac{e\left(\dfrac{\omega}{\omega_{\mathrm{n}}}\right)^2}{\left\{\left[1-\left(\dfrac{\omega}{\omega_{\mathrm{n}}}\right)^2\right]^2+\left(\dfrac{2\xi\omega}{\omega_{\mathrm{n}}}\right)^2\right\}^{1/2}} \tag{5.3}$$

若忽略阻尼,表达式可改写为

$$\overline{OA}=\frac{e\left(\dfrac{\omega}{\omega_{\mathrm{n}}}\right)^2}{1-\left(\dfrac{\omega}{\omega_{\mathrm{n}}}\right)^2} \tag{5.4}$$

此处,$\overline{OA}$ 是振动幅度作为运行速度和固有频率 $\left(\dfrac{\omega}{\omega_{\mathrm{n}}}\right)^2$ 的函数。

由式(5.4)可以看出,当转速 ω 小于系统固有频率 ω_{n}(临界角速度)时,振动幅值较小,当 ω 增大时,振动幅度随之增大,直到 $\omega=\omega_{\mathrm{n}}$,振幅趋于无穷大。当转速增大远离临界转速时,振幅减小,并引起偏心相位发生变化,使重心趋向于与由连接两个支承中心的直线一致。为了更好地说明上述概念,在图5.2中假设转盘的几何中心(A)与转子重心(G)不重合,因此 G 在通过临界转速时会趋向于 O。

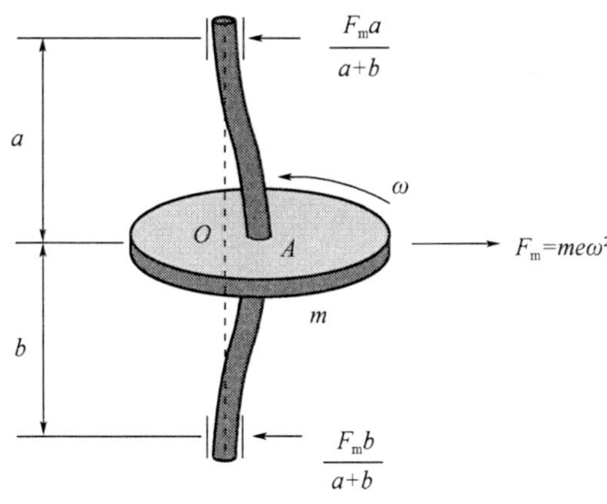

图 5.1　不平衡转子的作用力示意图

在实际应用中，阻尼系数(ξ)不等于零，因此在一定的速度范围内，越接近临界转速(ω)，振动幅度就越大。这种现象由第 1 章的关系式 $\omega_d=\omega_n\sqrt{1-\xi^2}$ 揭示，其中，ω_d 为谐振频率，考虑到系统的阻尼系数，后者可以通过对数递减测试得到。

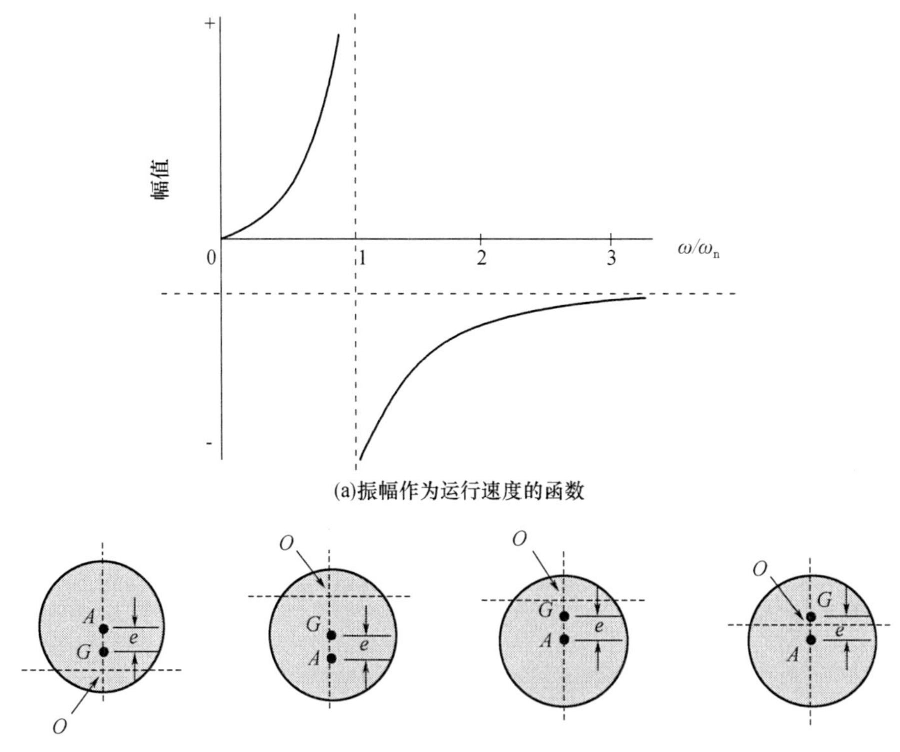

(a)振幅作为运行速度的函数

(b)圆盘A的中心、质量G的中心和旋转O的中心的相对位置

图 5.2　通过临界转速时的相位变化

5.3.1　矢量分析平衡方法

转子平衡是一种通过增加或减少重量使质心向最接近旋转中心的方向移动的方法。第一种平衡刚体转子的方法是矢量分析平衡方法。该方法建立了转子的平衡方程以及力和力矩的矢量和，通过改变重量使其等于零，此时转子将处于平衡状态。

矢量分析平衡方法一般分为静平衡和动平衡。静平衡，也称为单平面平衡，是指平衡转子的重心不与旋转轴重合。转子表示为一群质点围绕固定轴（表示旋转轴）旋转的简单系统，并且质点与原点（固定点）之间距离恒定。图5.3阐明了这种情况。如果相对于原点的动量总和等于零，则该转子将处于静平衡状态，如图5.3所示。然而它却是动态不平衡的，因为相对于Y轴和Z轴的动量总和不等于零。

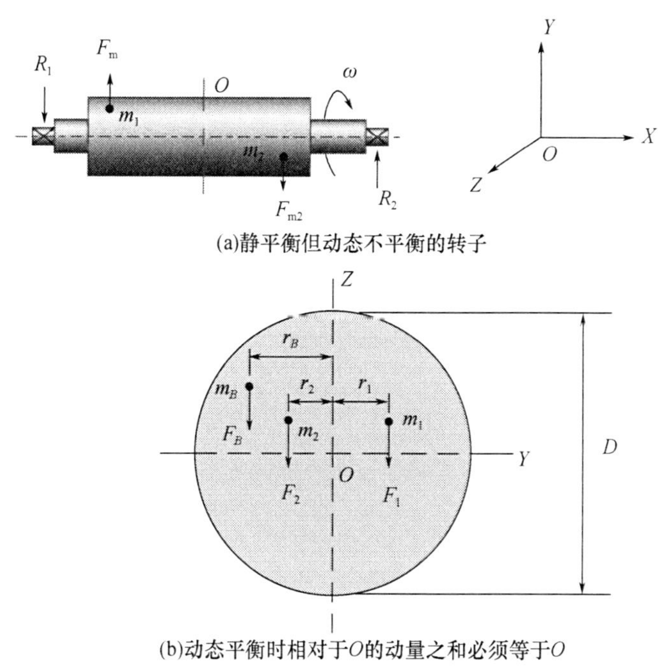

图5.3　静平衡

静平衡只适用于短转子，即直径D与长度L之比小于或等于0.5（$D/L\leqslant 0.5$）。

动平衡要求消除惯性力，使转子重心的加速度等于零，而惯性力取决于转子的角速度。因此，动平衡需要以确定的速率进行，但无法保证转子在另一角速度上依然保持平衡。

动平衡需要在两个平面上进行，因为必须使与转子转轴垂直方向上的动量最小，如图5.4所示。如果只有一个面平衡，将不可能在转子的两个支承点上同时最小化转动量。图5.5给出了由$F_1=m_1e_1\omega^2, F_2=m_2e_2\omega^2, \cdots, F_n=m_ne_n\omega^2$表示的作用于转子上的力和动量总和的矢量表示。其中，$F_i, i=1,2,\cdots,n$是作用在连接质心与转轴的直线方向上的惯性力，两者之间间隔一段距离e_1；m_i是不同转子的等效质量；ω是进行平衡时的角速度；对于平衡面A和B，作用力为$F_A=m_Ae_A\omega^2$和$F_B=m_Be_B\omega^2$。

平衡是在一个确定的角速度ω下进行的，其惯性力与乘积m_ie_i成正比。将惯性力分解到X轴和Y轴方向上，则X轴方向上的合力表示为

$$\sum F_X = m_1 e_1 \cos\theta_1 + m_2 e_2 \cos\theta_2 + \cdots + m_n e_n \cos\theta_n + m_A e_A \cos\theta_A + m_B e_B \cos\theta_B \tag{5.5}$$

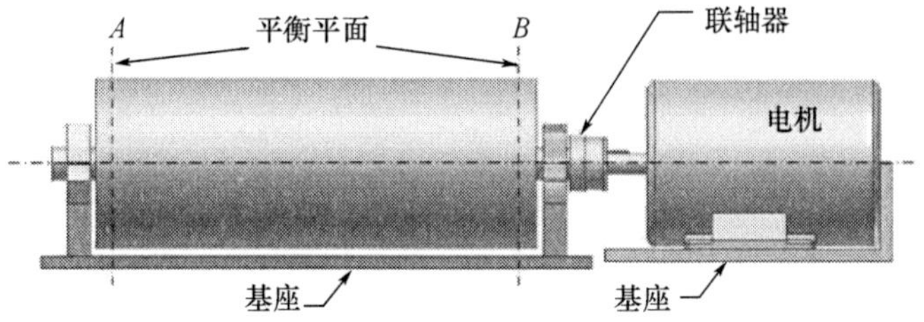

图 5.4　用于动平衡的转子平面典型位置示意图

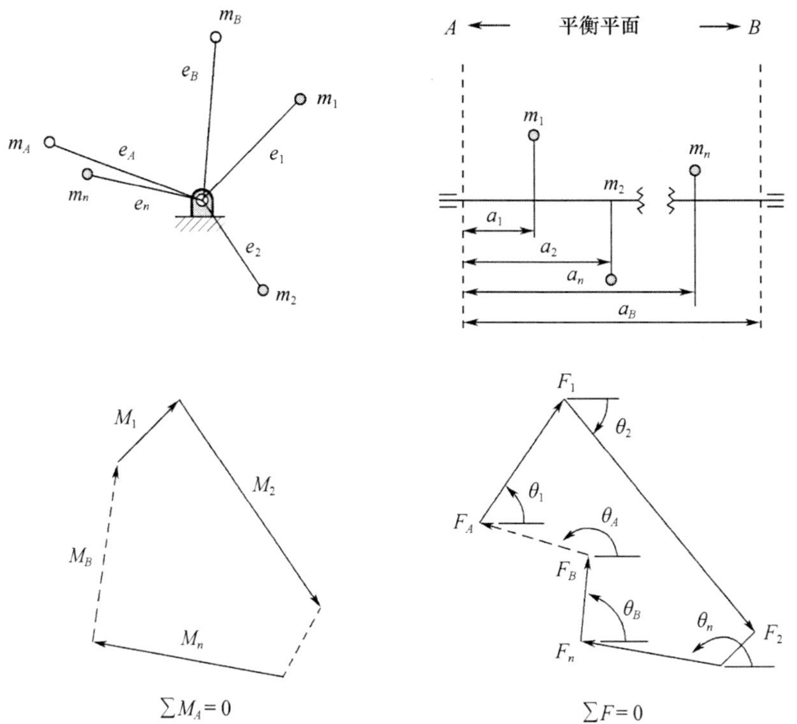

图 5.5　两平面转子平衡力和动量总和的矢量表示及其影响系数

Y 轴方向上的合力表示为

$$\sum F_Y = m_1 e_1 \sin\theta_1 + m_2 e_2 \sin\theta_2 + \cdots + m_n e_n \sin\theta_n + m_A e_A \sin\theta_A + m_B e_B \sin\theta_B \tag{5.6}$$

相对于 A 平衡面,其 X 轴方向的动量之和为

$$\sum M_{AX} = m_1 e_1 a_1 \cos\theta_1 + m_2 e_2 a_2 \cos\theta_2 + \cdots + m_n e_n a_n \cos\theta_n + m_B e_B a_B \cos\theta_B \tag{5.7}$$

Y 轴方向的动量之和为

$$\sum M_{AY} = m_1 e_1 a_1 \sin\theta_1 + m_2 e_2 a_2 \sin\theta_2 + \cdots + m_n e_n a_n \sin\theta_n + m_B e_B a_B \sin\theta_B \tag{5.8}$$

在动量矢量和的表达式中,所有其他参数都是已知的,因此可以计算出角 θ_B 的正切值。同样,如果已知 B 平衡面动量和,同样可以计算出角度 θ_A 的正切值。这样就确定了 A、B 平

衡面需要调整质量的角度。利用这些数据,并使用上述四个关系式,可以得到 m_A、m_B、e_A 和 e_B 的值,使平衡问题得到很好的解决。

5.3.2 现场平衡

旋转机械的平衡可以通过两种方式完成:在现场或在平衡夹具中。现场平衡可以在不拆卸转子的情况下进行,并且与平衡夹具相比,可以在更短的时间内以更低的成本平衡设备,因此在工业中被更加广泛地使用。尽管如此,需要注意的是,虽然对于大多数设备来说采用现场平衡方法足以达到运行要求,但是其平衡精度是低于平衡夹具的。

当通过矢量分析进行平衡时,相对于参考线的相对位置(e_i)和不平衡质量(m_i)是已知的,但是当转子进行现场平衡时,这些数据通常是未知的,这就是为什么转子重心必须通过实验确定的原因。转子重心一般通过测量相对于任意参考线的振动幅度和相位角来得到。相位角通过振动测量装置的转速表触发器或频闪灯进行测量。

如果要在不测量相位角的情况下进行平衡,可以采用影响系数法。该方法都包括在转子的不同角度位置添加测试配重。然后测量每个配重对转子的影响,以此来对转子的动态响应进行表征,并定位重心位置。通过减去相应的重量来实现转子的平衡,这种方法需要经过多次试运行。试运行是指将转子调至额定转速(或平衡所需的转速),并测量其幅值和相位。

影响系数法在单一平面上的一种简化应用是四次试运行法。该方法在预防性维修中非常重用,因为它只需要一个频谱分析仪,无须直接测量相角。该方法仅适用于待平衡设备的运行条件表明主振动发生在一倍频(即旋转频率)处,分析过程包括将测试配重相对于任意参考点定位在0°、120°和240°,测试配重必须位于相同的半径 r 上。在第一次测试中,记录无配重下的振动幅值,如图5.6所示,其半径等于检测到的振动幅值。第二次试运行时,将配重置于0°再次测量振动幅值,画出第二个圆,圆心表示原振动的圆与参考轴的交点,如图5.6所示。第三次试运行将配重置于距参考点120°的位置测量振动幅值并做圆,圆心与原始振动圆心成120°。第四次试运行将配重置于240°处测量振动幅值并做圆。此过程相当于求解一个与配重位置有关的方程组,三个圆的交点即为所求位置。

5.3.3 模态分析

具有不同自由度的系统是相互联系的,每个系统的运动都依赖于其他系统。在振动系统中,每一个自由度代表一个固有频率,同时每个固有频率产生一个称为振动模态的独特振动。ISO 11342是平衡柔性转子的参考标准。

一个有多个自由度的系统,或者一个连续系统,如果转速与其中一个固有频率一致,就会产生共振。

如果系统以不同于固有频率的频率振动,其振动方式将对应于所有系统模态的组合,其中,固有频率更接近激励频率的振动模式将占据主导地位。这一特性是进行模态分析的基础。此时根据临界速度下其他振动模式的影响几乎为零这一特点就可以分析旋转系统的振动。这允许在近似条件下像分析单个自由度的独立系统一样分析其振动特征。

假设分析的转子系统是线性的,也就是说,转子每个独立振动模态产生的效果之和与所有模态一起分析产生的效果是类似的,则可以通过分别平衡其每个振动模态来实现平衡。同样,具有一定自由度的系统的激励力可以分解为相等数量的函数或激励力,这样每

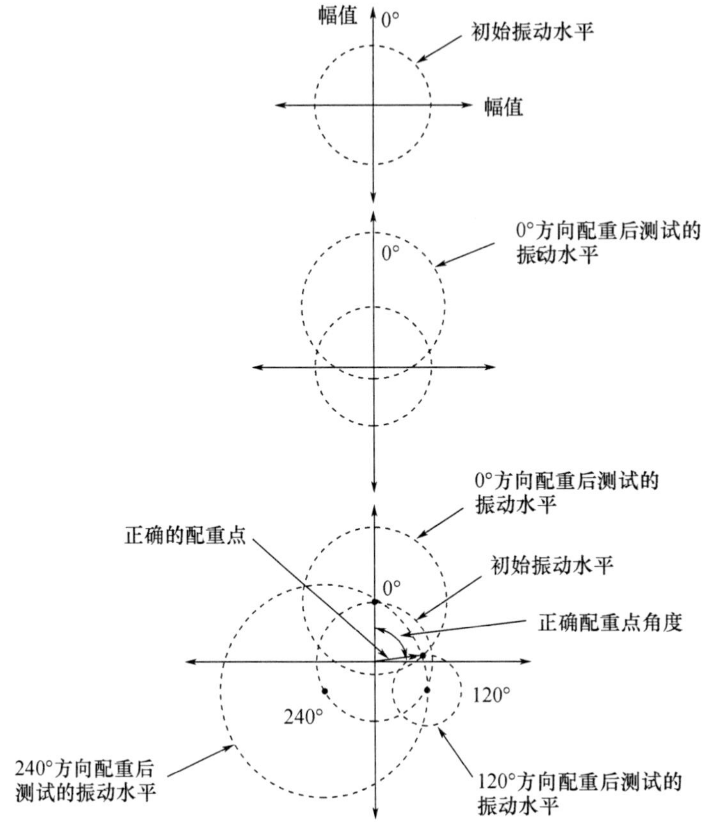

图 5.6　四次运行试验的平衡过程

个函数或激励力只作用于一个模态而不影响其他模态,并且所有考虑到的力的矢量和等于原始的激励函数。在平衡转子时,这些力就是要补偿的不平衡质量。图 5.7 显示了一个转子可以视为一个三自由度系统进行分析,并表明了振动模态形状。

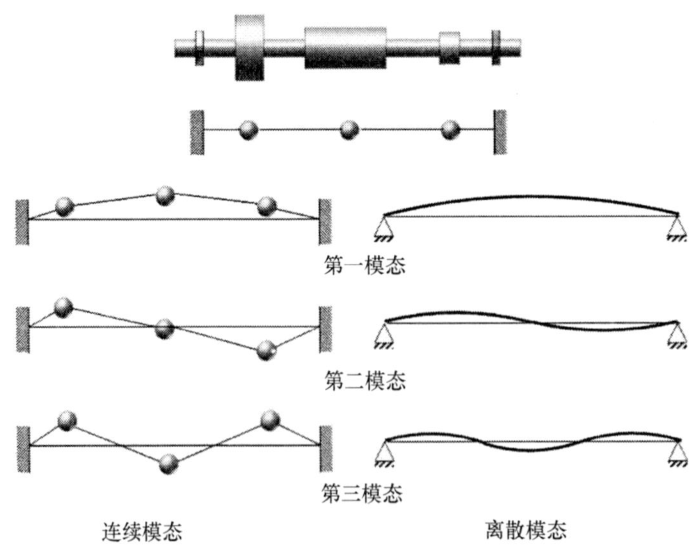

图 5.7　三自由度转子的振动模态

需要注意的是，转子不平衡时，振动模态不一定发生在同一平面上；相反，振动模态发生的平面取决于每个圆盘的不平衡位置。这种分析比较复杂，因为每个圆盘都有其矢量分量，并且考虑到每个模态测量平面的位置和重叠情况，必须在每个模态上分别进行矢量分析。

常用极坐标图来分析这些情况，使其向量和可视化。图5.8为大型汽轮发电机转子，由一系列不同直径、质量和刚度的部件组成，其中滚珠轴承的油膜充当弹簧，如图5.8(a)所示。在这种情况下，转子的变形不仅发生在一个平面上，而且随着不同的振动模式而变化，如图5.8(b)所示。图5.8(c)的极坐标图是典型的汽轮发电机监测点图，它表明了振幅随转速的演变，从而可以识别转子的临界转速。通过将监测点的位置与所记录的振动振幅和相位相关联，可以近似地识别振动模态。有了这些信息就可以最小化平衡面中每个模态的振动幅度。

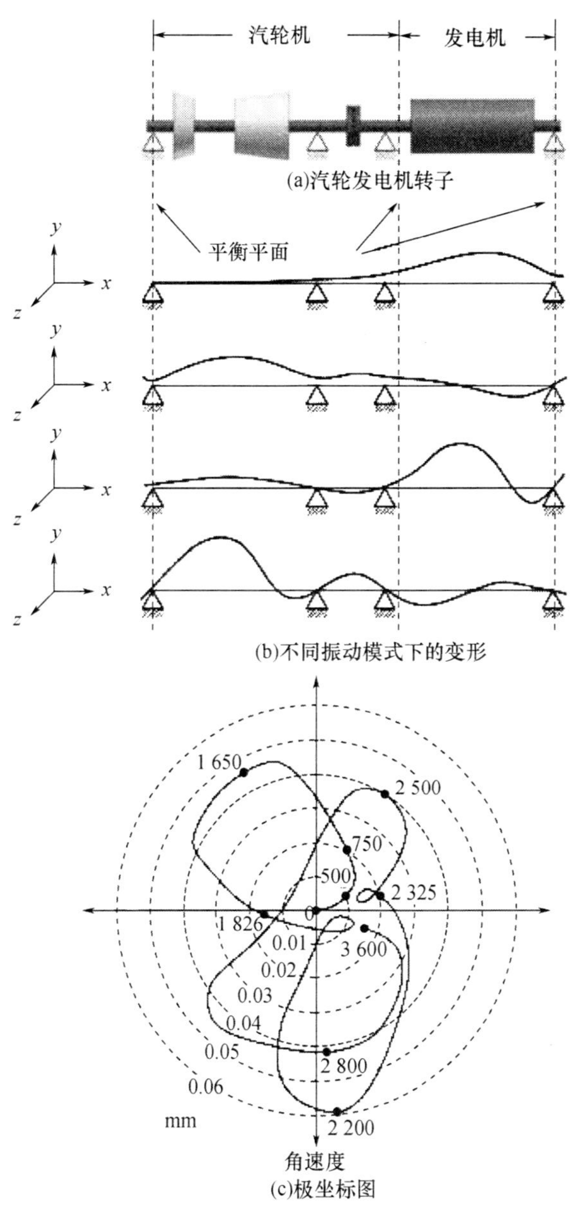

图5.8 汽轮发电机转子，不同振动模式下的变形及极坐标图

第6章 实际应用

6.1 引 言

本章将介绍对工业厂房中设备运行状况的监控示例,这些例子是对上文提出概念的具体应用,并指导读者如何在实际情况中进行机械诊断。诊断是基于振动信号和频谱的研究,本章对前几节中描述的概念进行了补充,并介绍了它们在实际问题中的直接应用。

这些案例涵盖了汽轮机、减速机、离心泵、通风机和机床等设备,每个案例都描述了诊断过程、振动谱的解释以及故障根源的分析。

6.2 汽 轮 机

第一个案例是对一台汽轮机进行分析,该汽轮机在运行过程中表现出高水平的振动。对汽轮机进行检测和监督,必须配备实时频谱分析仪、合适的加速度计、压力测试器和应变计。通过这种方式进行定期监测可以记录足够的数据,并确定要识别的不同部件的振动趋势以及预测可能存在的故障。针对汽轮机振动水平的增加,启动了详细的检测程序,并使用加速度计测量了汽轮机几个点的振动水平,使用傅里叶变换对数据进行分析。检测发现的问题有:调速器传动轴和齿轮振动幅度过大、一级和三级叶片断裂。该汽轮机有三个工作阶段,可以产生 4 300 马力以推动离心空气压缩机。

当在汽轮机进汽口支架处测量水平响应时,一阶临界转速为 4 600 r/min(76.67 Hz),而不是设计中显示的 4 800 r/min(80 Hz),喷嘴内的通过频率为 3 800 Hz,大约是旋转速度的 50 倍。

振动信号分别记录机器上的 9 个位置,表 6.1 给出了每个测点的频率、方向和相应的模态振型。

根据图 6.1 所示的坎贝尔图可以看出,该频率可以激发位于汽轮机第一级和第三级叶片的第二、三、四阶固有频率;如果汽轮机以 80 Hz 的运行速度旋转,则可以避免这种情况发生。可以明显看出 $50x$ 频率和运行速度可以避免发生交叉(x 为标称速度,在这种情况下,$50x=4\ 000$ Hz),汽轮机将在更安全的条件下运行。

汽轮机的坎贝尔图提供了叶片的固有频率与其自身运行速度之间的关系,线与线之间的交点对应运行速度和固有频率(即共振频率)。

通常,汽轮机的故障是由于设计错误、安装不良或操作不当造成的,其中最脆弱的部件是滚珠轴承和叶片,后者通常在根部附近断裂,在这种情况下,断裂的根源在于叶片固有频率接近振动频率引起的疲劳。在研究汽轮喷嘴外围的蒸汽泄漏时,通过利用超声波传感器检测到引起部分进气效应的压力变化,可以确定运行速度的变化。

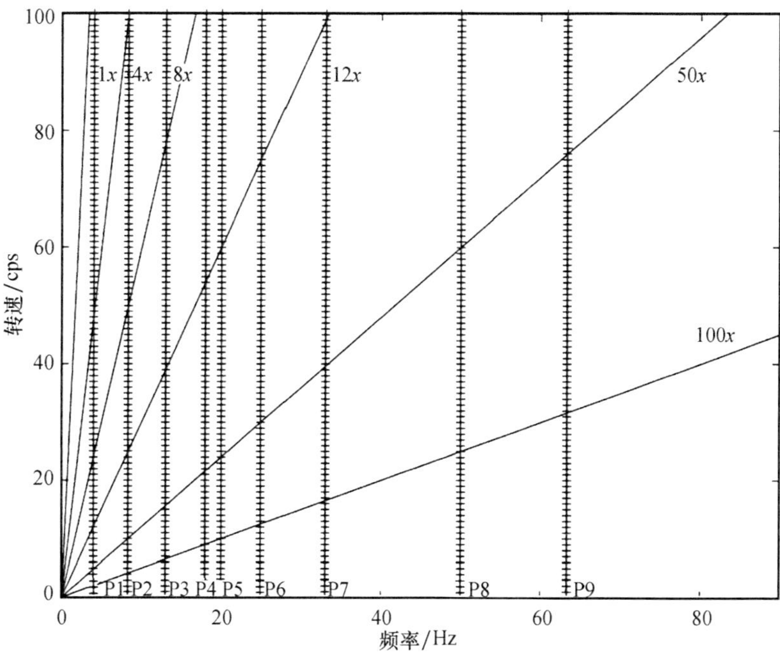

图 6.1 典型汽轮机的坎贝尔图

6.3 减速机轴承

有案例显示轧机减速机内可能会出现温度和噪声水平均有所升高的情况，设备布置结构如图 6.2 所示，图中显示了齿轮箱和监测点的位置，主要部件的工作条件和设计参数见表 6.1。

表 6.1 监测点信息

监测点	频率/Hz	方向	模态
P1	4.0	径向	3
P2	8.3	轴向	3
P3	13.3	径向	1
P4	18.0	径向	3
P5	20.0	轴向	3
P6	25.0	轴向	1
P7	33.3	轴向	3
P8	50.0	轴向	1
P9	63.3	径向	3

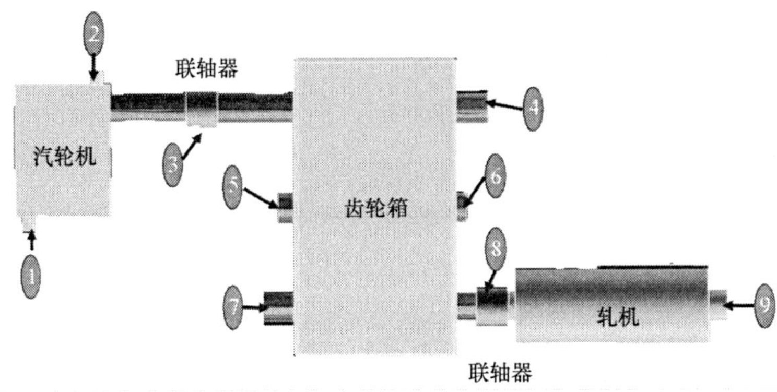

图 6.2　所分析的齿轮系示意图

6.3.1　第一减速阶段

第一减速阶段的具体数据见表 6.2。值得注意的是,小齿轮安装在轴颈轴承上,因此振动响应显示出约 0.40X~0.48X 的宽频带,表中未显示此项数据。

表 6.2　第一减速阶段具体数据

参数	小齿轮	大齿轮
转速/(r/min)	2 976	960.6
齿数	51	158
支撑类型	径向轴承	滚动轴承
齿轮频率(GMF)/Hz	2 529.6	2 529.6
轴承直径(D)	NA	205 mm
	(NA)	
滚珠直径(d)	NA	44 mm
滚珠数量	NA	14
滚珠旋转频率(BSF)	NA	12.57 Hz
保持架频率(FRF)	NA	35.57 Hz
内圈/滚珠通过频率(OBPI)	NA	88.01 Hz
外圈/滚珠通过频率(OBPE)	NA	136.1 Hz

6.3.2　第二减速阶段

第二减速阶段的具体数据见表 6.3。可以发现有些工作频率非常接近,例如中间轴轴承频率 FRB 的二次谐波($2\times12.57=25.14$ Hz)与输出轴轴承的 FRP 频率(24.93 Hz)非常相似,由于两频率在频谱中过于接近导致诊断和识别振动源都很困难。

在确定了减速器中所有重要频率后,图 6.3 显示了图 6.2 中所有监测点的振动谱。频谱幅值最高的是监测点 5 和 6,因此对监测点 5 进行了更详细的测量,得到图 6.4 所示的频谱。从图中我们可以看到对应于第二减速阶段小齿轮球轴承的滚珠旋转频率(FRB)、外圈滚珠通过频率(OBPE)和内圈滚珠通过频率(OBPI)的峰值。此外在该点上还检测到温度升高,从而提高了故障来自小齿轮滚珠轴承的可能性,这一点将在进行相应的修复后得到证实。

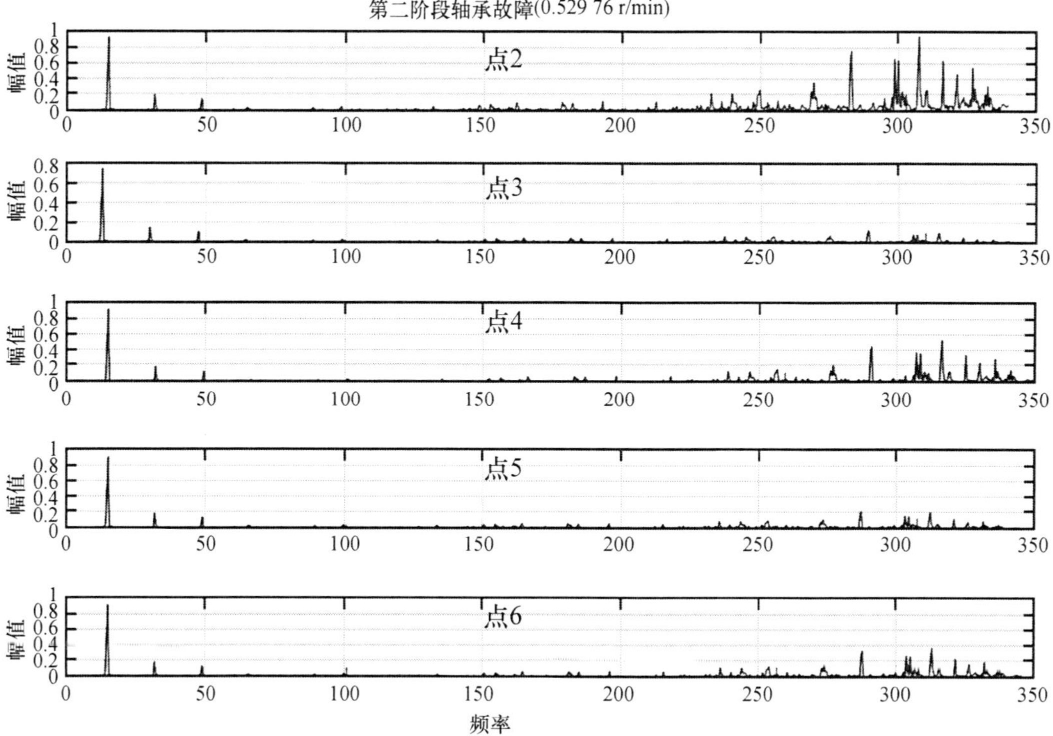

图 6.3 图 6.2 中所示点的振动频谱

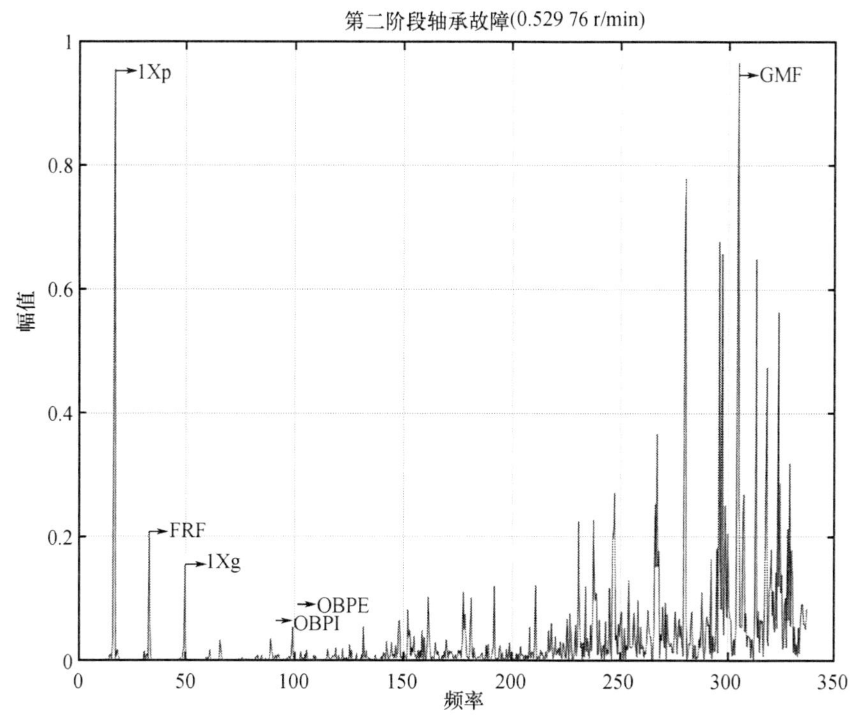

图 6.4 减速器第 5 位置点的频谱

表 6.3　第二减速阶段具体数据

参数	小齿轮	大齿轮
转速/(r/min)	960.6	253.3
齿数	42	158
支撑类型	滚动轴承	滚动轴承
齿轮频率(FE)/Hz	672.43	672.43
轴承直径(D)/mm	205	240
滚珠直径(d)/mm	44	44
滚珠数量	14	28
滚珠旋转频率(FRB)/Hz	12.57	2.43
保持架频率(FRP)/Hz	35.57	24.93
内圈滚珠通过频率(OBPI)/Hz	88	68.24
外圈滚珠通过频率(OBPE)/Hz	136.1	84.8

6.4　减速机齿轮

在上述情况下,减速器输出轴在时域上的振动幅值会有非常显著的增加,如图 6.5 所示,图 6.6 显示了正常齿轮和损伤齿轮的振动信号。

从该减速器中可以提取用于诊断输入小齿轮加速劣化的频谱,这可以从图 6.7 所示的频谱中直接得到验证。对于该故障的诊断,计算齿轮的振动特征是必不可少的,因为基于这些信息对异常运行状况下的频谱解释是相对直观的,即齿轮频率呈现非常高的峰值以及不规则的边带。

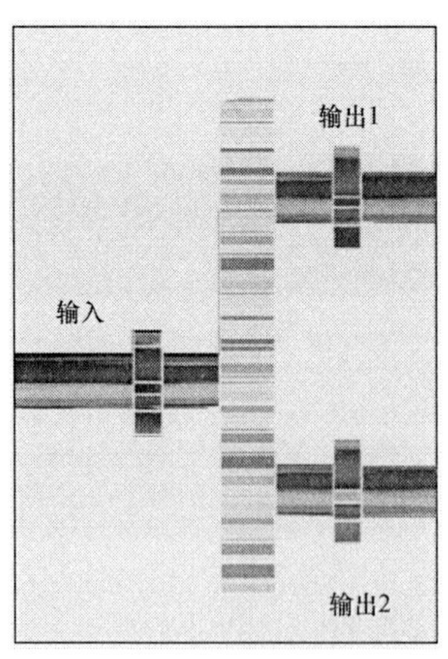

图 6.5　减速器原理图

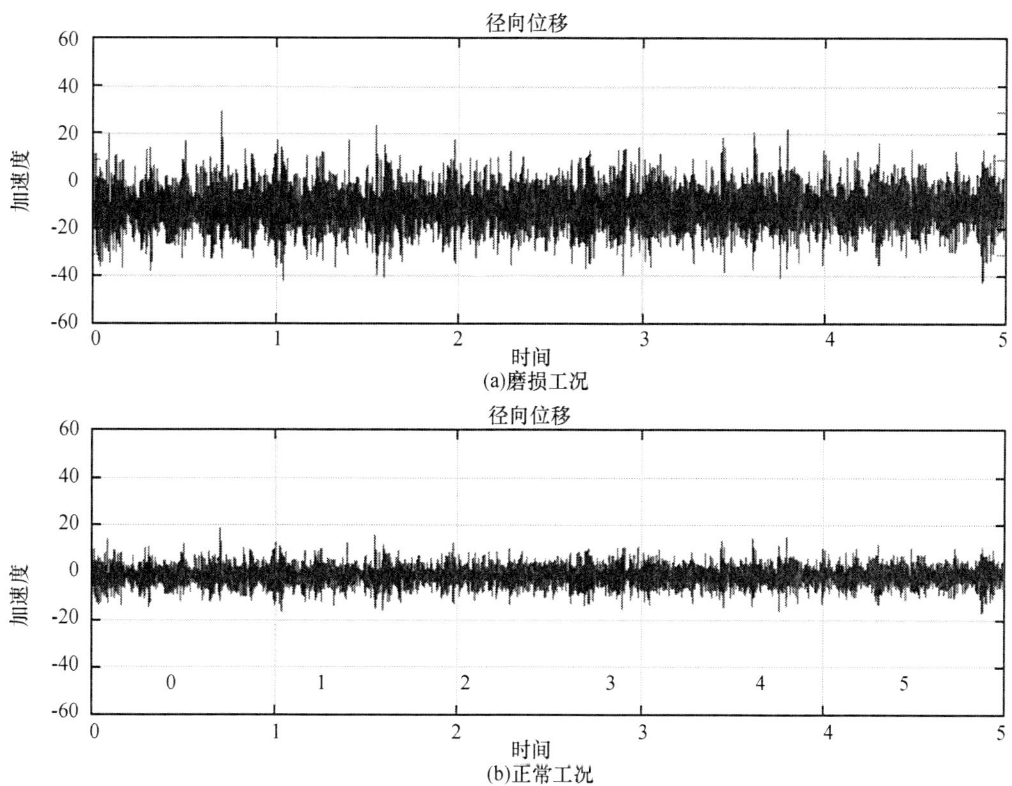

图 6.6 齿轮正常状态和故障状态下的振动信号

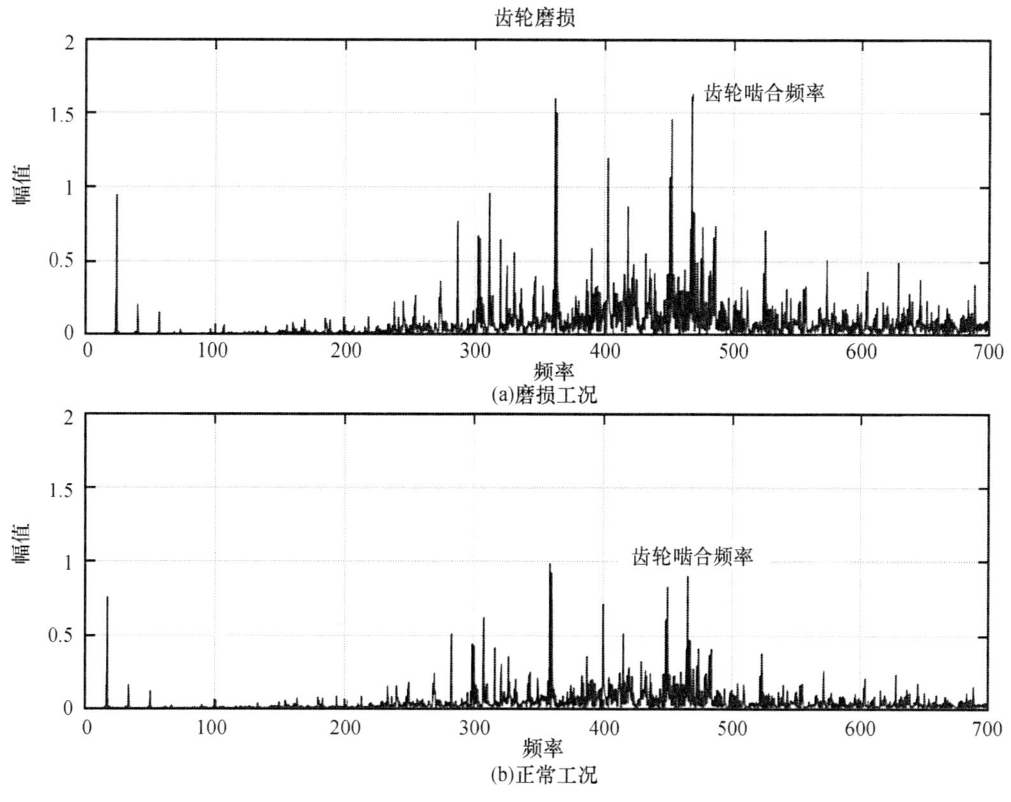

图 6.7 正常状态和损伤状态的频谱图

6.5 齿轮过度磨损

该案例是对一个生产橡胶条的橡胶磨机进行诊断,下文将说明由齿轮过度磨损引起的典型振动故障。该故障是在橡胶厂的减速机报告橡胶条厚度变化过大中发现的,并且在运行过程中厚度变化呈现随机特性。从图6.8中可以看出,该机械系统由电动机、两级一级减速机和一级二级减速机组成,二级减速机直接与轧机的一个辊相连。

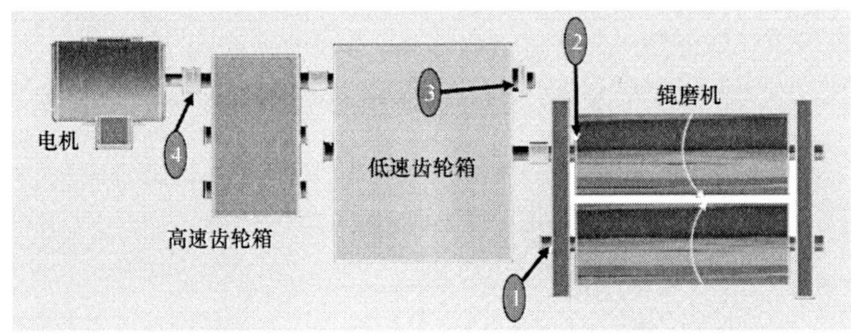

图6.8 轧辊机原理图(应用于轧辊的不规则运动诊断的振动监测点位置)

该故障的报告只提及了最终的生产影响,即橡胶轧制不均匀。通过分析监测点的频谱来识别损伤(图6.8),每一点均监测三个相互垂直方向上的振动情况,电动机以1 200 r/min的转速旋转,第一减速机的输出轴以63 r/min的转速旋转,滚珠的转速由于频率较低无法被加速度传感器测得,一旦这些数据被确定即可分析其频谱。监测点1在轴向和横向水平方向上进行测量,相对于旋转轴监测点3则是在垂直横向方向上进行测量。频谱分别如图6.9所示,从中可以看到监测点1和3的频谱在电机的旋转频率处均有一个突出的峰值,在较低的频率处有几个峰值,与减速器的轴转速相对应,在1 780 r/min处也存在峰值,这与第二减速器的齿轮频率(FE)一致。通过观察该齿轮频率的谐波,注意到其二次谐波(3 560 r/min)处也有一个突出的峰值,通过分析监测点3在垂直横向上的光谱(图6.9),齿轮频率处对应的峰值最高,但最重要的是,齿轮频率及其谐波周围存在非常明显的边频带。后一种情况是产生齿轮磨损的齿轮传动特点,因为它没有两个包络曲线(齿处于良好状态)之间的共同作用,振动受到轴(边频带)的旋转的调制,使得信号波形呈现出不同的谐波。

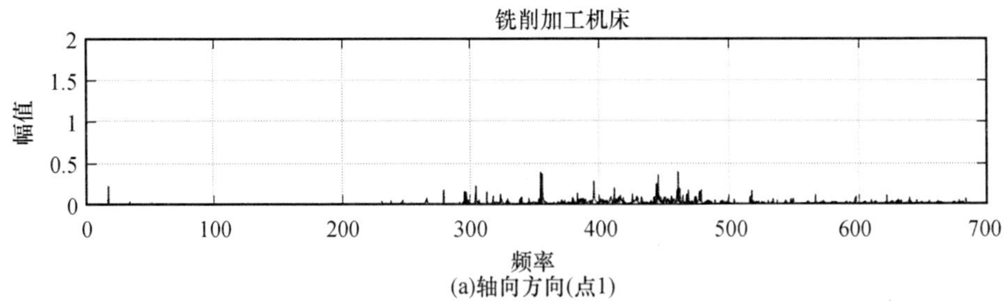

图6.9 图6.8所示轮系中测量点的频谱

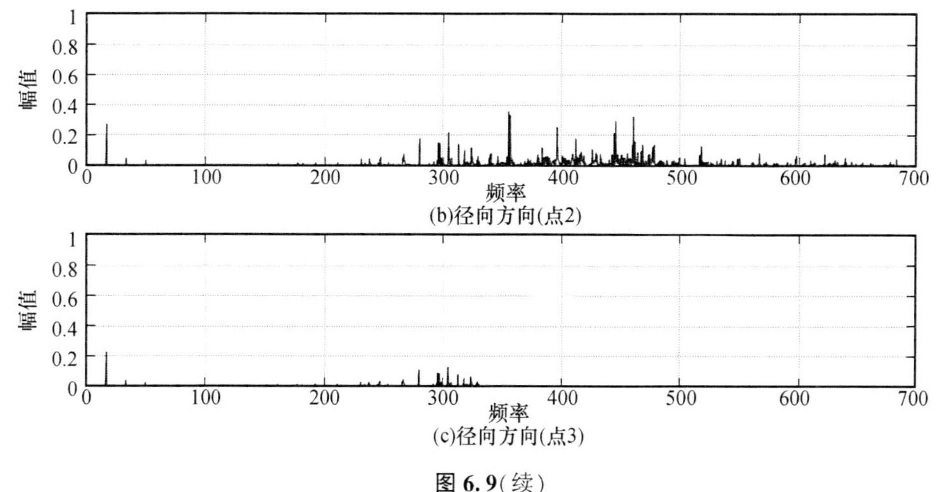

图 6.9(续)

根据先前的数据,橡胶厚度不规则的可能原因可以诊断为齿轮磨损,因为检测到的振动模式与该情况相对应,拆开减速器观察其内部证实了所提出的诊断结果。

6.6 钻　　头

下面的案例对应于一个高产钻井,由于检测到的钻孔不垂直导致生产了大量废品件,超出了公差限制从而对后续的装配工作产生影响。在对钻头进行目视检查、空载试验和检查主轴后,发现机器状况良好,对钻头进行振动分析,在监测点 1 处进行振幅振动测量,如图 6.10 所示,使用加速度传感器进行测量,但振幅被设置为显示位移。获得的频谱无法得到任何异常信息,然而当振幅设置为显示加速度时频谱显示更多信息。图 6.11 给出了三个测量方向(x、y、z)对应的频率,其中,z 对应钻头轴向位移,频谱对应钻头满载时的位移和加速度。

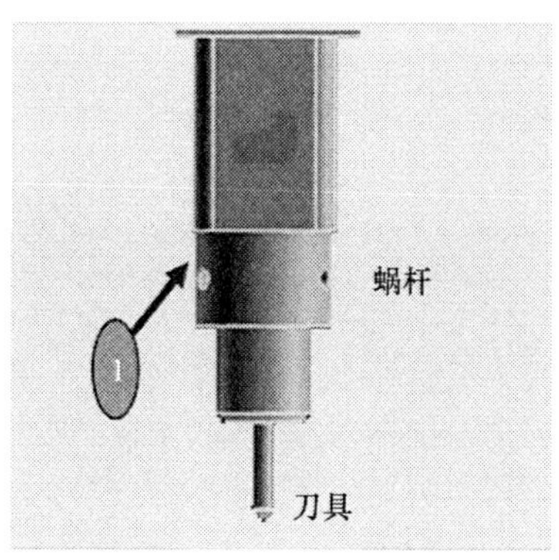

图 6.10　监测点位置

图 6.12 为加速度尺度下的幅值测量结果,对比图 6.11 可以看出,位移只显示 230 Hz 左右的高幅值,空载工况分析表明该峰值与固有频率相对应。

通过在加速度尺度下进行测量可以观察到频谱中的峰值,在 x 和 y 方向上,主峰出现在 20 Hz 处,而在 z 方向上出现在 25 和 80 Hz 处。从这些图中可以看出频谱在使用不同尺度单位时所提供的信息存在差异,该差异确定了加工缺陷的来源;x 和 y 方向的峰值是切削力,而 z 方向的峰值对应于主轴轴承。

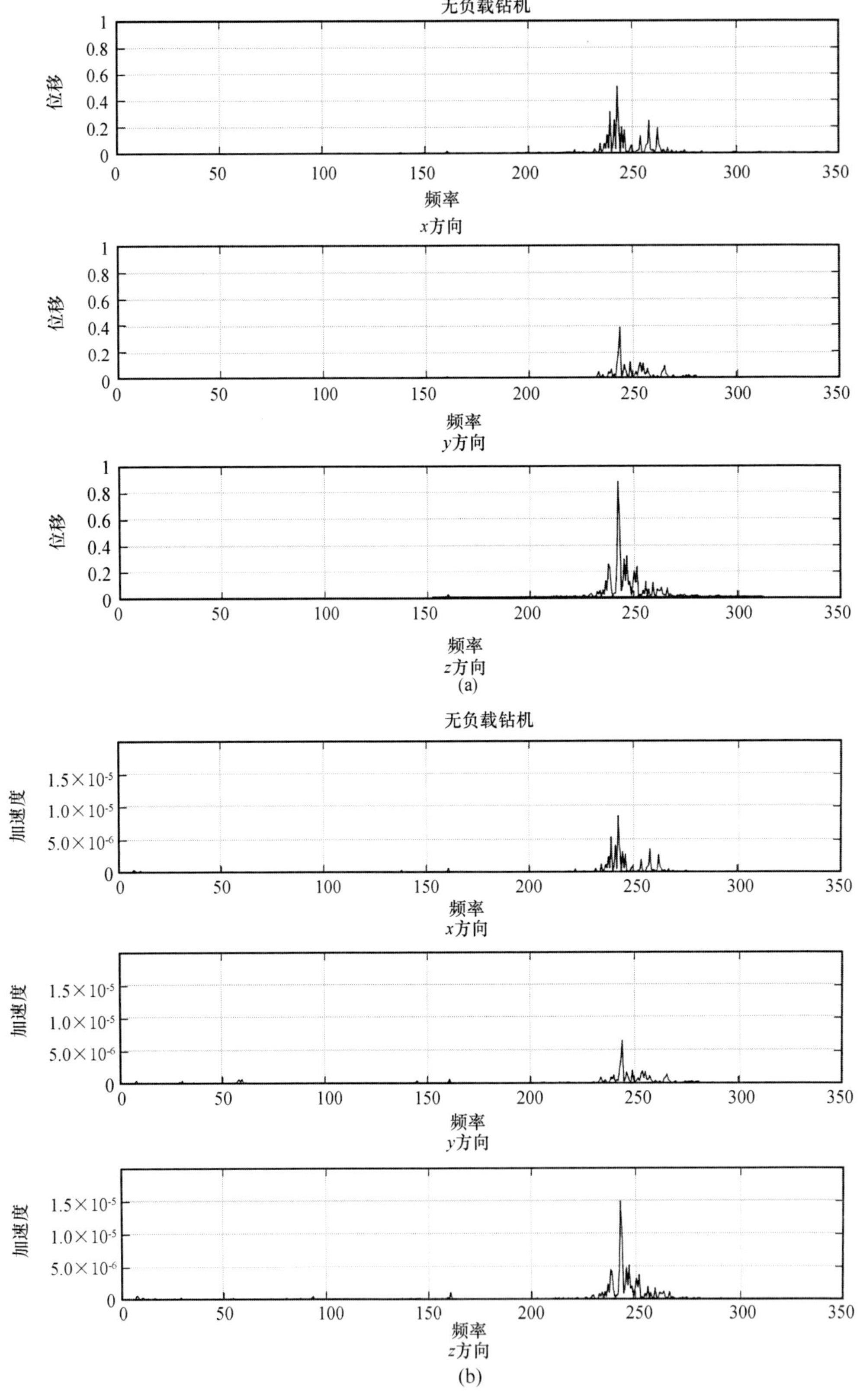

图 6.11 无负载下监测点频谱图

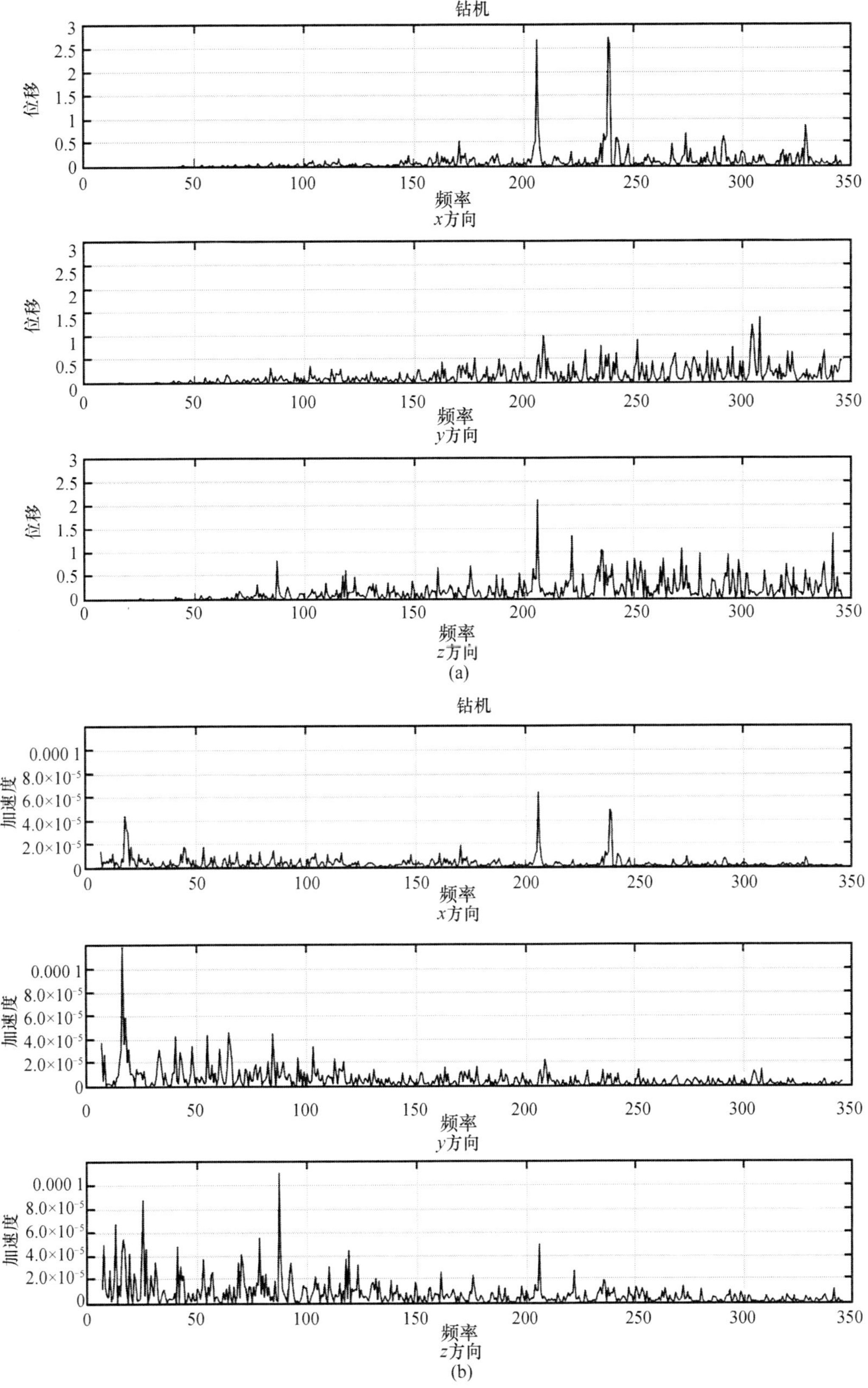

图 6.12 载荷作用下监测点频谱图

基于上述分析得知利用加速度尺度可以更好地识别振动信息,图 6.12 显示了切削力产生的频谱以及与失效相关的主导频率,当幅值设置为位移时该值显著减小,幅值设置为加速度时临界频率处幅值被放大。根据上述测量判断故障来自轴承,因为主峰与轴承频率相对应,因而无须考虑切削力的作用,更换轴承后机器恢复正常运行状态。

这个例子说明了一个重要知识,即频谱尺度的正确选择决定了分析的有效性,在频谱中尺度选择不当可能会隐藏振动原因。同时也要确定运行工况,不同的工况下测量值也是不同的,设备在有负载和无负载时的动态响应也是不同的。

6.7 电机轴承

从图 6.13 所示的齿轮箱振动监测图中可以看出其幅值有增大的趋势,因此决定对其振动谱进行详细分析,分析结果如图 6.14 所示。

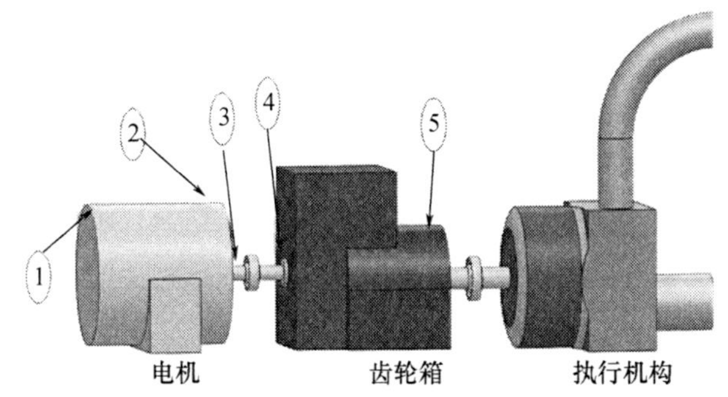

图 6.13 所研究的齿轮系监测点布置情况

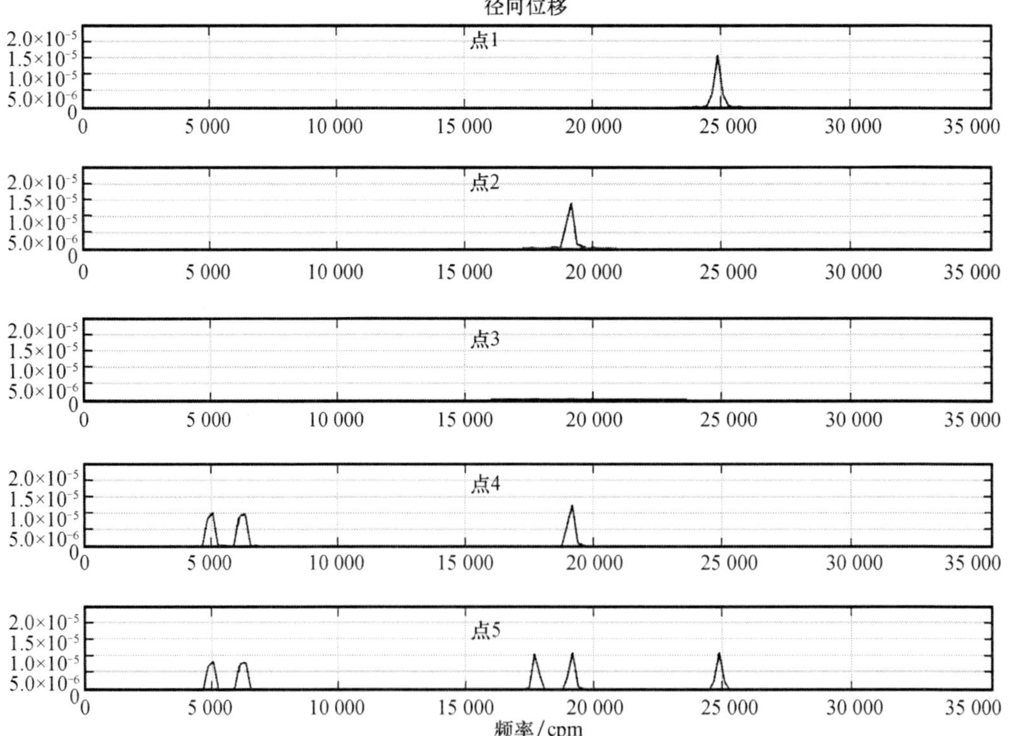

图 6.14 图 6.13 所示轮系中测试点的频谱

从图中可以看出,频谱中在齿轮箱输入和输出的角速度及其谐波处均未存在峰值,因此存在无明显顺序的振动分量。然而,由于在 1 800 r/mn 工况下频谱没有关于运行速度的任何关键成分,因此排除了不平衡、不对中和轴弯曲等几种可能的原因,由于频谱中缺乏边频带从而排除齿轮问题,由此猜测可能引起齿轮箱高幅值振动的部件是轴承。为了验证这一假设,分析齿轮箱监测点 3 的频谱,结果表明频谱中最高幅值处频率在该齿轮箱轴承滚珠通过外圈频率(OBPE)范围内。通过上述分析,更换监测点 3 处的轴承后再次进行频谱分析,得到图 6.15 所示的结果,显示了维修前后该点的振动水平。

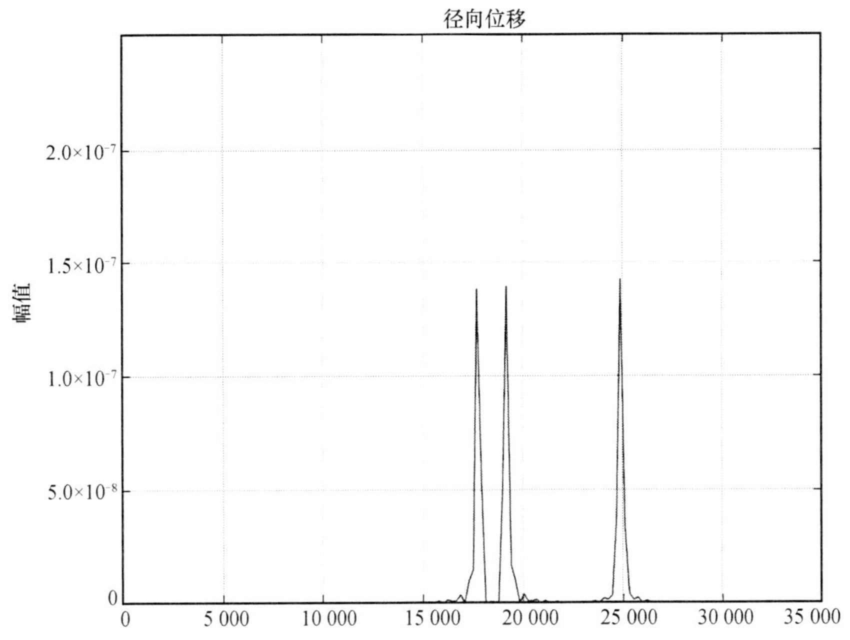

图 6.15 图 6.13 所示轮系第 3 个测试点维修前后频谱

6.8 电机-扇叶组件不平衡

图 6.16 所示为电机-扇叶的总成布置。尽管电机和扇叶都保持了平衡,但由于高水平振动和未知原因造成的电机烧毁使得需要频繁对电机进行维修。

图 6.17 所示的频谱清晰地显示了扇叶和电机的工作频率,表明存在电机-扇叶耦合不平衡的问题。为了探明这种情况,对电机的监测点 1 和 2 进行频谱分析(图 6.18),观察到在电机转子皮带轮侧(监测点 2)的振幅大于另一端(监测点 1),这是由于皮带上有负载,并且在空载时进行的平衡并未使得运行后的振动消失,所以有必要针对该负载进行动态平衡。

从图 6.18 可以看出,当电机与扇叶、皮带平衡后,转速峰值将会减小。由于张力保持不变,皮带频率处的振幅很难减小。

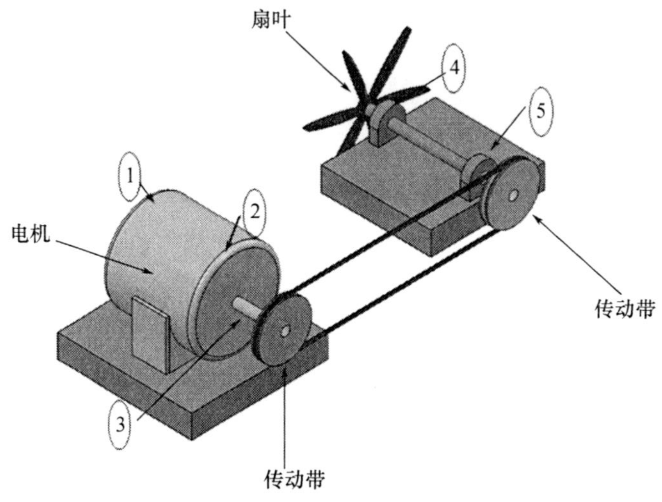

图 6.16 所分析壳体电机-扇叶的组成及监测点布置情况

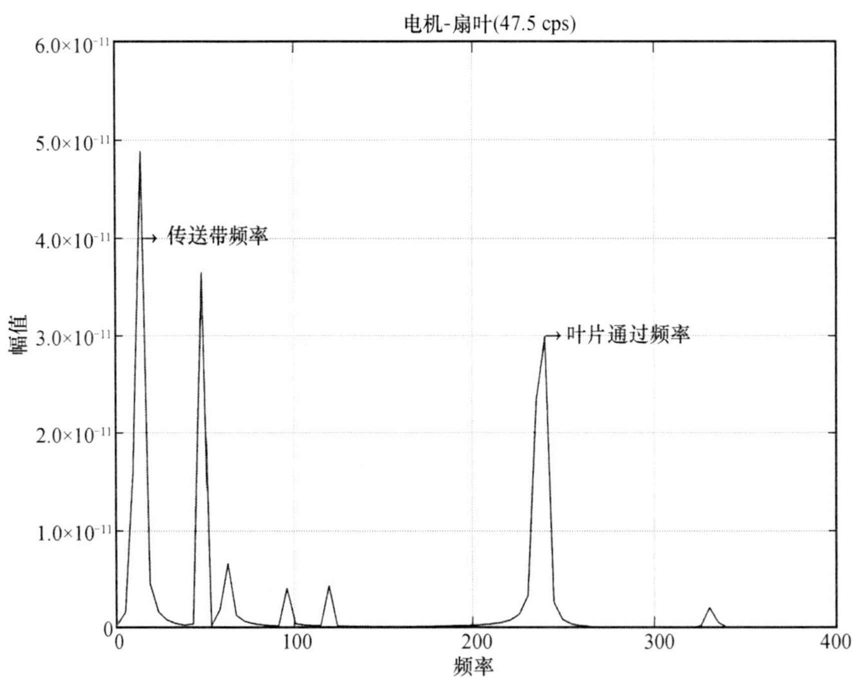

图 6.17 图 6.16 中测试点的频谱

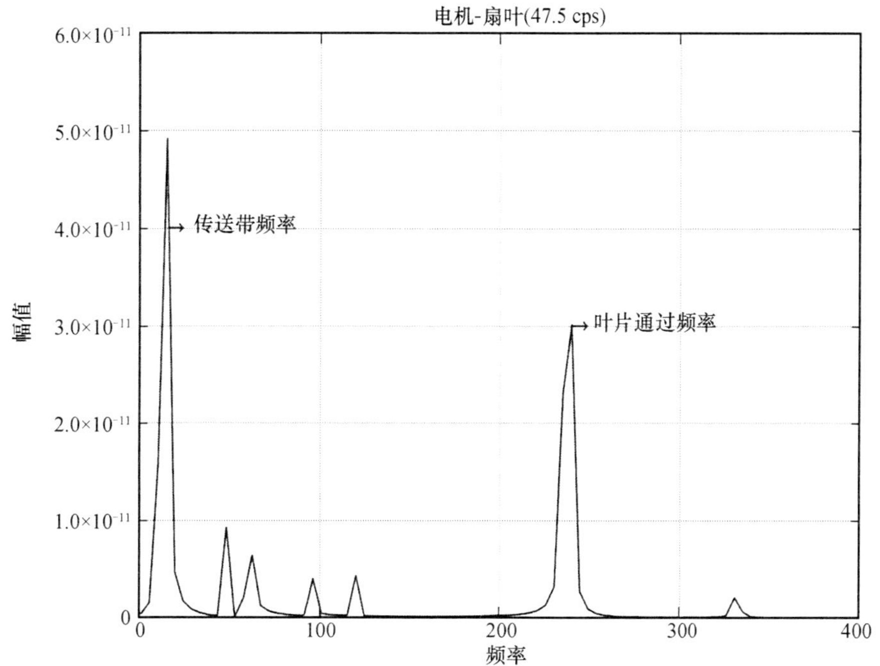

图 6.18　图 6.16 电机-扇叶组件第 1 和第 2 个监测点频谱图

6.9 离　心　泵

一个案例是在水泵系统中某排放管道发生泄漏,为了对其进行维修安装了一个直径较小的旁路管道,显然这并不代表水泵系统功能存在问题。然而不久之后,轴承出现了非常明显的振动,因此决定对其进行诊断。图 6.19 显示了安装示意图以及振动监测点。

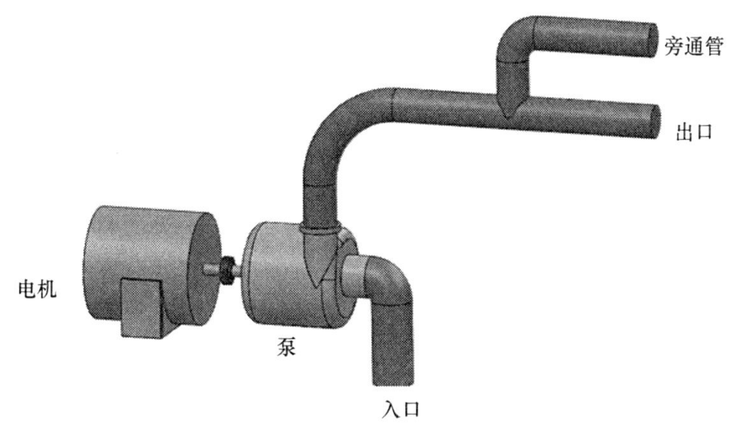

图 6.19　水泵系统安装方案及振动谱采集点

每个监测点均监测三个正交方向上的振动信息以记录可能的振动源。图 6.20 为水平方向监测点 3 的频谱,该频谱在转速和叶片通过频率处振幅最大,该频谱中其他类似的振幅峰值表明在这些频率周围出现了一个不稳定的区域。

通过分析泵的设计特点无法确定产生该峰值的来源，因此对轴承其他监测点（监测点4）进行频谱分析，图6.21展现了相似的峰值。

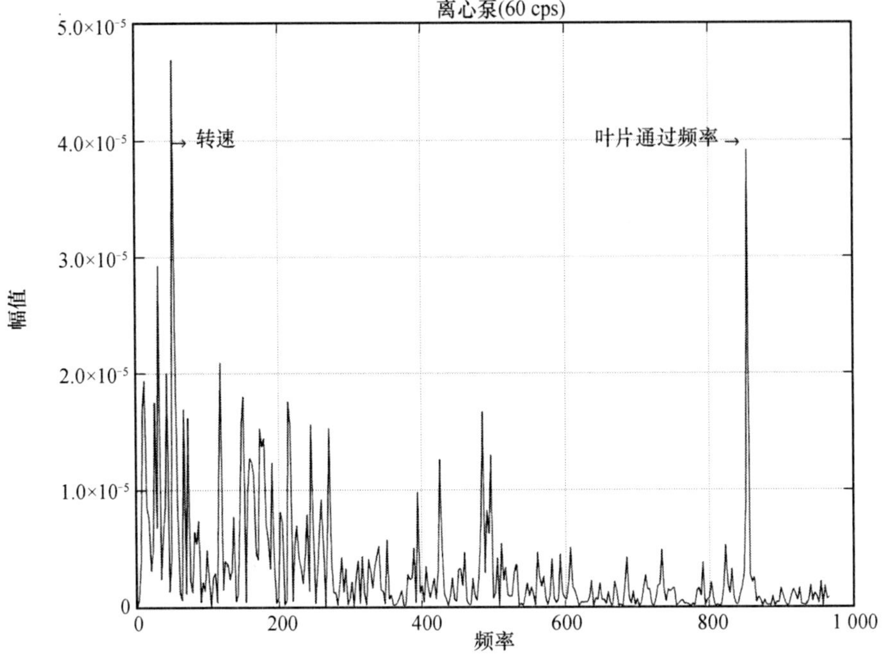

图6.20　监测点3振动频谱

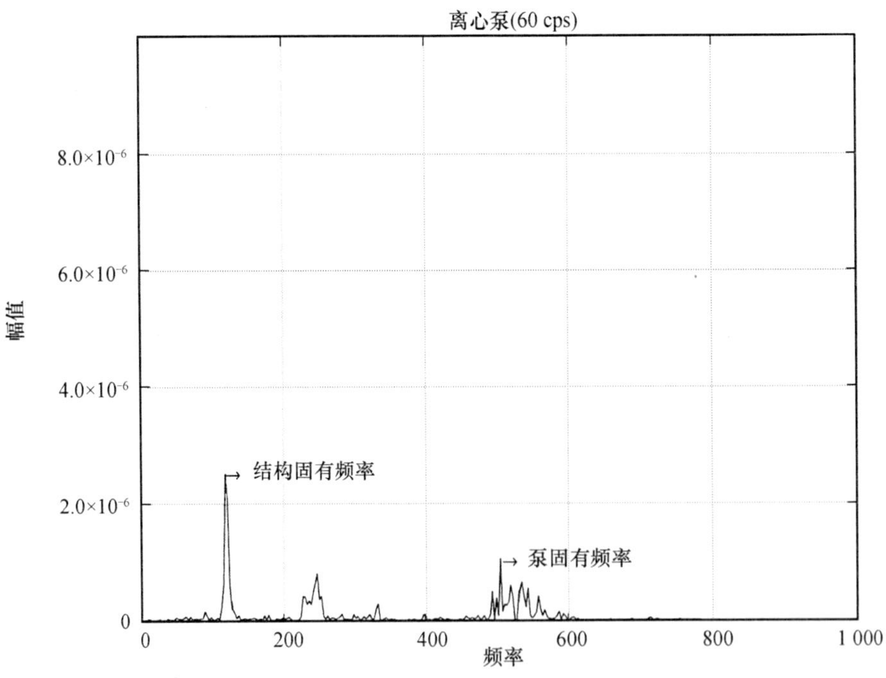

图6.21　监测点4振动频谱

图6.20所示频谱表明，引起振动的原因可能是轴承的固有频率，关掉电机使水泵停转以检验该假设，发现存在一系列频带，并观察到感兴趣的峰只在振幅上有所变化，随着泵转速的降低，其余的峰值幅度减小、频率降低，因此我们可以推断出振动源于结构的固有频率。结果发现对管道所做的修改使其产生了湍流，这在频谱中被检测为不稳定工况发生，并与结构的固有频率相吻合。该故障通过给管道增加额外的轴承得到了解决。

本章提出的案例研究反映了给设备安装一套状态监测系统具有一定的挑战性。首先应确认设备中的主导频率，然后再确定振幅在正常范围内的变化（基准线）、动态响应的性质（线性或非线性）以及所有部件的状态。下一章将介绍预防性维修系统的基本思想，该系统是状态监测系统的初步组成部分，阐述了尽早预测故障的分析技术和评估程序。

第 7 章　预防性维修计划实施指南

7.1 引　　言

状态监测系统是从预防性维修程序发展而来的，这些程序将揭示何为 CMS，并为其解释提供基础。本章主要讨论预防性维修计划对生产效率和产品质量的影响，描述了实施预防性维修程序所需要采取的步骤。维护方式随着时间的推移而演变，一开始，设备故障只在出现的那一刻进行修复（纠正性维护），之后工业界开发了预防性维修系统，该系统包括基于故障频率的统计研究和制造商建议的维修方法。由于只对其中的部分维修功能进行了充分利用，使得该维修系统变得十分昂贵。随着预防性维修系统的发展，基于对设备运行状况的定期监测和部件寿命预期技术得到了应用，使得该系统可以进行维修安排并防止意外故障发生。

目前，所有具有持续改进能力的生产系统都将预防性维修作为其方案的基本组成部分，因为它允许根据实际运行情况动态调整工厂的总体运行安排。

预防性维修是一个不仅可用于设备维修，而且影响到生产效率、产品质量和投资收益的系统，因此它不应仅仅作为一个监测系统，更应作为工厂生产计划的一个组成部分。

预防性维修包括定期监测（取样）设备的运行状况以及分析每个部件的行为趋势，有了这些信息就可以估计故障发生的时间，通过这种方式实现维修间隔最大化的同时也最小化了机器故障和紧急停机而产生的相关运营成本。为了强调此概念，在本章中，设备被定义为由三个或更多部件耦合在一起并作为一个整体来运行，预防性维修系统通常基于以下几种无损分析技术。

振动监测：该技术包括测量设备关键部件的振幅和振频，在前面的章节中已经进行了广泛的讨论。

过程参数监控：这是预防性维修系统的主要组成部分，它包括定期记录设备所有参数的真实值（电动机消耗的功率、气动系统的气压、液压、蒸汽压力、温度等）。使用该方法的目的是将测量参数的变化与失效概率联系起来，变量的选择取决于设备的结构和各部件的类型。

热成像法：该方法通过测量设备不同部位的温度来提供关于每个部件机械行为的相关信息，因为一般情况下设备任何部件出现故障温度均会升高，通过该方式，温度的变化可以与机械部件可能发生的故障联系起来。

油液分析：该技术作为辅助工具，用于分析润滑油污染物的来源，该分析有助于推断设备的哪些部件正在遭受过早磨损或更快速地退化。

在这些方法中，振动监测涵盖的故障原因最多。每一故障都发生在特定的振动频率处（如前几章所描述），它们的振幅反映了设备的动态运行状况，此外，振幅一般随故障程度的加深而增大。对未发生故障时间段的估计决定了具体的维护方案实施计划，该估计将影响整个生产规划，这意味着备件的供应可以“及时”完成，维护工作可以提前确定。

预防性维修不能替代传统的维护系统，它只是一个获取设备最新信息并评估其未来运行状况的工具，所有关键设备的趋势都可以绘制成图，并且可以近乎完美地估算出故障发生的时刻。通过振动分析，可以延长设备的维修间隔，保证设备的充分利用。预防性维修系统的优点可以总结为：

—更低的维护成本

—更少的故障次数

—更短的维修时间

—减少库存

—延长机械寿命

—提高工厂生产率

—提高操作安全性

—验证新设备的运行状态

—验证维修可行性

—实施“及时”计划的可能性

预防性维修计划从选择要监控的设备开始，选择监控路线，并确定测量间隔，在监测路线中定义每个监测点的频率窄带和报警级别，以便最终构建趋势图，从而预测设备的动态行为。

7.2　监控路线的定义

为了实施预测性维护计划，必须涵盖公司生产过程的所有基础设备，这样就建立了一个信息高度相关、操作效率极高的数据库。

对于每个监测点，具体测量位置和监测周期都将被确定，并记录总体振动谱（全公司）以分析特征频率周围的变化，这样就可以确定预防性维修程序的起始工作内容。

随后必须确定监测间隔以刻画趋势曲线从而安排具体维修计划。因此，当没有初始参考参数时，建议每隔 8～15 天对每个选定点进行监测，一旦确定了前五个点的数据，就可以确定最合适的监测间隔，其目标是“比正常运行时更短的监测间隔进行振动监测。”该方法可以将灾难性故障的可能性降到最低。

图 7.1 给出了设备从安装到退役的故障频率曲线，这张图称为生命曲线，因为它很像人类的生命。它定义了三个阶段：早期故障期、偶然故障期和耗损故障期。

在早期故障期，由于最初的调整，过早磨损，沉降或设计更改，故障发生率更高。偶然故障期认为是设备的生产寿命期。在耗损故障期，由于系统的退化导致故障率增加。

预防性维修的目标是以尽可能低的成本使设备在其生产寿命阶段尽可能长地运行，这样看来最理想的情况是这台设备是由于技术上的重大变化而被淘汰的，而不是因为它到了耗损故障期。

为了正确确定监测点，必须了解设备的设计以及各部件的功能细节，例如齿轮每个轴的转速、轴承类型（滚珠轴承、其他轴承）、动力设备的类型（汽轮机、电动机、内燃机等）及其运行参数。

图 7.2 是典型机组的示意图，指出了每次取样时用于测量振动频率点的编号。建议从电机端部支架开始编号，到输出轴端部支架结束编号，这样便形成了有序的点序列，便于详

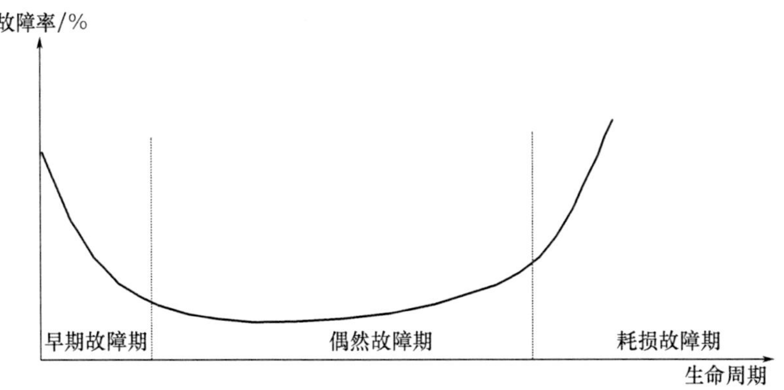

图 7.1 设备生命曲线

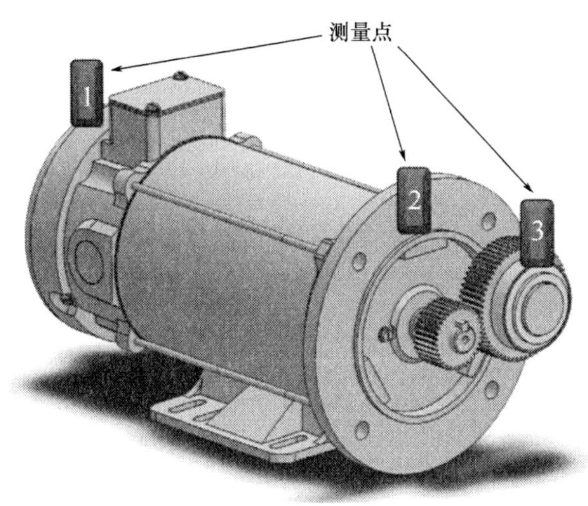

图 7.2 机器组成及监测点位置

细处理信息。每个点上,需明确信号的方向。比如,在图 7.2 中,点 1 能识别列车三个方向的振动水平:水平、垂直和径向。一旦建立了监测路线,就可确定每个监测点的频率窄带。

7.3 窄带选择

确定了齿轮系中的监测点之后,接下来可以识别出振动源最显著的特征频率。在设定警报和报警阈值之前,需要在每个特征频率附近选择合适的窄带进行监测。若设备运行速度的变化幅度较小,所选频带应包含该特征频率,并能够覆盖通常在特征频率 10%~20%范围内的运行速度变动。

表 7.1 列出了特征频率,根据研究的故障类型,可以进一步从振动信号中提取更多有价值的信息。

表 7.1　不同故障模式的频率和边带限值

故障类型	特征频率(x)
不平衡	径向带宽为 10%的每个轴的旋转频率
未对准	径向和轴向带宽均为 10%的旋转频率及其一次谐波
轴弯曲	径向和轴向带宽均为 10%的旋转频率及其一次谐波
偏心轴	径向和轴向带宽均为 10%的旋转频率及其一次谐波
机械间隙	每个轴的旋转频率为 $0.5x$、$1.5x$ 和径向一次谐波($2x$)
轴颈轴承	径向带宽为 10%的旋转频率及其一次谐波 除了径向上 $0.42x$ 和 $0.5x$ 之间的窄带外
传送带	径向带宽为 10%的每个轴的旋转频率; 径向带宽为 10%的频带及其一次谐波的通频
电气缺陷	径向带宽为 10%的旋转频率; 极点通过频率; 转子线棒通过频率包括每侧至少四个边带; 线路频率包括滑动频率及其一次谐波的至少四个边带
液压和空气动力学	径向带宽为 10%的旋转频率; 叶片通过频率和至少四个边带; 湍流(每分钟 50~2 000 次循环,随机); 气穴现象(在泵的情况下,信号随机出现在 0 和 1 之间。)
滚柱轴承	带宽为 20%的内圈通过频率; 带宽为 20%的外环通过频率; 带宽为 20%的传球频率; 带宽为 20%的滚动元件通过频率
齿轮	径向带宽为 10%的每个轴的旋转频率; 齿轮频率包括至少四个边带和齿轮频率的一次谐波

确定了监测的窄带之后,预测性维护程序将开始执行,分析选定齿轮系的动态行为及其变化趋势。图 7.3 展示了一个含有窄带的频谱图。

7.4　倾向分析

确定了齿轮系每个监测点的窄带后,接着设定振动级的允许限值。选择这些限制需考虑机器的正常运行表现、其在生产线中的重要性及维护团队的实践经验。通常,报警限值建议设为正常运行条件下振幅平均值的两倍,而警报限值则设为五倍。

振动行为通常按指数规律变化,这意味着一旦振动水平升高至警戒水平,便可以形成跟踪的趋势线,从而客观预测何时会达到报警阈值。在振动达到警报水平期间,必须将机器从生产线中移除并进行修理(图 7.4)。通过对振动的周期性监测,可以识别出齿轮系所处的生命周期阶段。然而,趋势分析并不能识别导致设备退化的具体原因。因此,需要结

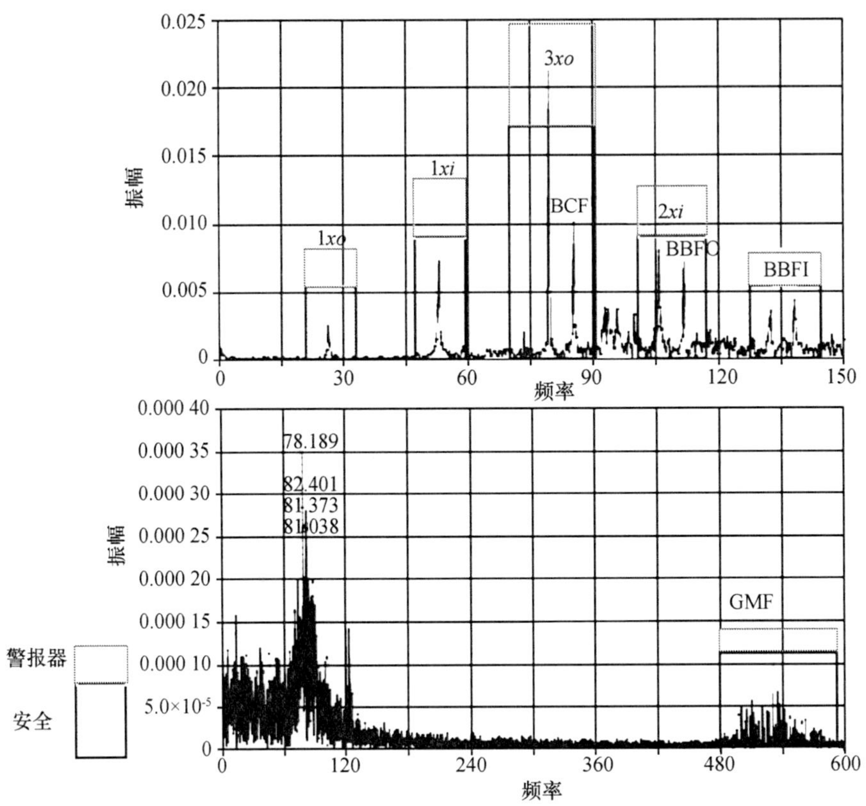

图 7.3 具有窄带位置的频谱示例

合其他信息源，如工况记录、热像分析、油液分析和设备设计知识等，来进行全面分析，从而提高预测性维护的效果。

鉴于机器振动在其使用寿命期间会有变化，对特定频率的振动行为进行统计分析是至关重要的，这有助于准确设定警报和警报阈值。引起振幅变化的因素包括机器运行状态的变化、环境条件变化以及设备自身的损坏等。

机械设备的动态性能趋势分析是实施预知维修系统的关键。为了更有效地说明其应用，需要考虑随后的案例研究。

7.5 示　　例

在化工厂中，有两台与图 7.5 所示相同的涡轮发电机。这些设备因其重要性被纳入生产过程的预测性维护计划中。涡轮发电机的机组由以下部分组成：

—两级蒸汽轮机，分别配有 135 个和 150 个叶片，并搭载离心调速器来控制速度。

—单级双螺旋齿轮减速器，小齿轮有 21 个齿，大齿轮有 97 个齿，通过一个 8 齿的齿轮泵进行润滑，该泵连接到小齿轮轴上，小齿轮安装在流体动力滚珠轴承之上；大齿轮则安装在球轴承上，每个球直径为 $D=235$ mm 和 $d=40$ mm。

—六极发电机，同步转速为 1 200 r/min，转子采用轴颈轴承。

设计确定后，所有组件的特性和监控路线也随之定义。在此案例中，下一步是确定每个部件产生的主频率。

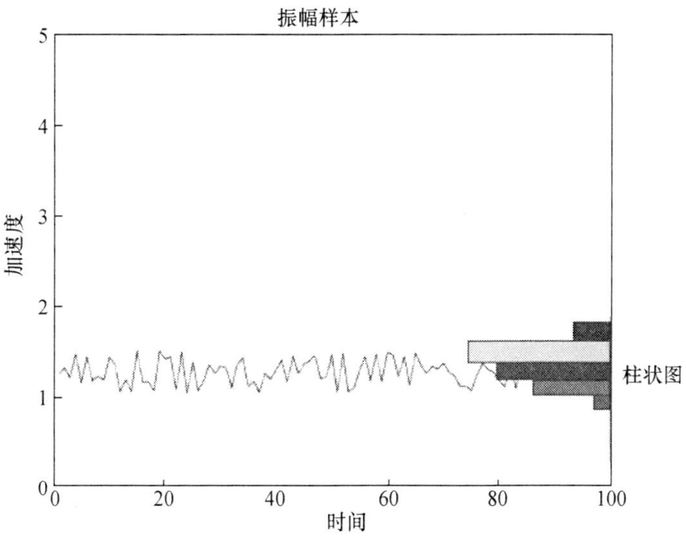

图 7.4 趋势和直方图分析

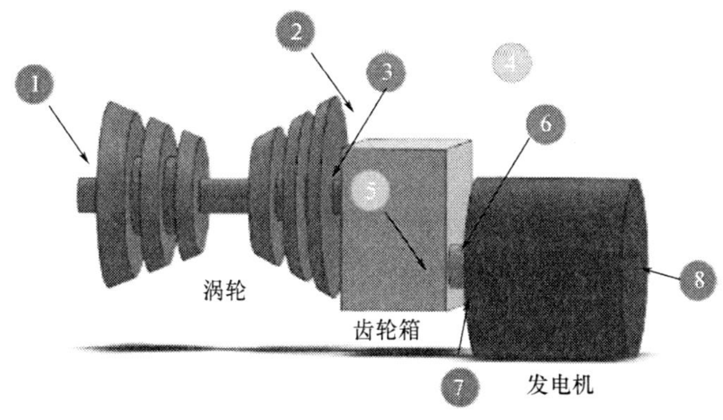

图 7.5 涡轮发电机示意图

7.5.1 监控路线

例如,选择了四个监测点。第一个是在涡轮机的自由端,第二个是在发电机的自由端。

在每个测量点,应明确记录频谱的频率范围及关注频率。我们计算了涡轮发电机各部件的频率值。针对涡轮轴(点 1),依据齿轮减速关系计算了其旋转频率,确保结果精确且易于理解:

$$\omega_{T} = \left(\frac{n_{c}}{n_{p}}\right)\omega_{G} = \frac{97}{21}(1\ 200) = 5\ 542.8\ \text{cpm} \tag{7.1}$$

叶片通过频率计算如下:

$$FP_{A1} = N_{A1}\omega_{T} = (135)5\ 542.8 = 748\ 285.7\ \text{cpm} \tag{7.2}$$

对于第二次通过频率:

$$FP_{A2}=N_{A2}\omega_{\mathrm{T}}=(150)5\ 542.8=831\ 428.5\ \mathrm{cpm} \tag{7.3}$$

对于点2,小齿轮的旋转频率与涡轮机相同。在这些测量点,我们主要关注齿轮频率、润滑泵齿通过频率以及与流体动力滚珠轴承问题相关的频率,确保关键信息得以准确捕捉。

齿轮频率为

$$\mathrm{FE}=n_{\mathrm{p}}\omega_{\mathrm{T}}=(21)5\ 542.8=116\ 398.8\ \mathrm{cpm} \tag{7.4}$$

对于润滑泵:

$$\mathrm{FE_B}=n_{\mathrm{B}}\omega_{\mathrm{T}}=(8)5\ 542.8=44\ 342.4\ \mathrm{cpm} \tag{7.5}$$

对于滚珠轴承,估计范围在0.35~0.5之间:

$$F_{\mathrm{ch}}=(1940\sim 2270)\ \mathrm{cpm} \tag{7.6}$$

在点4,我们测量了齿轮旋转振动(8 W=1 200 r/min)及轴承频率,以表征关键机械状态:

$$\begin{aligned}
\mathrm{FRB}&=\left(\frac{1}{2}\right)(1-r^2)x\\
\mathrm{FRP}&=\left(\frac{1}{2}\right)(1-r)x\\
\mathrm{OBPE}&=\left(\frac{n}{2}\right)(1-r)x\\
\mathrm{OBPI}&=\left(\frac{n}{2}\right)(1+r)x
\end{aligned} \tag{7.7}$$

根据滚珠轴承的数据,可确定轴承的基频(基本传动频率):

$$\mathrm{FRP}=497.87\ \mathrm{cpm} \tag{7.8}$$

球的旋转频率为

$$\mathrm{FRB}=3\ 422.8\ \mathrm{cpm} \tag{7.9}$$

由外圈故障引起的频率为

$$\mathrm{OBPE}=59\ 744.4\ \mathrm{cpm} \tag{7.10}$$

并且由于内座圈中的故障引起的频率为

$$\mathrm{OBPI}=8425.53\ \mathrm{cpm} \tag{7.11}$$

在对应于发电机的测量点中,除了旋转频率外,还指定了电力线频率及其谐波(在这种情况下,没有转差频率)。

$$\begin{aligned}
F_{\mathrm{L}}&=3\ 600\ \mathrm{cpm}\\
2F_{\mathrm{L}}&=7\ 200\ \mathrm{cpm}
\end{aligned} \tag{7.12}$$

确定各测量点特征频率及窄带后,依据前文信息选定窄带,并参照振动分析仪设备的分辨率对其值四舍五入(详见表7.2)。

7.5.2 倾向分析

建立监测路线与窄带后,开始捕捉频谱。初期需以高频监测目标系统,频率因齿轮类型及运行条件而异。通常,每15天测量一次,可建立机械旋转设备行为模式。分析人员基于收集信息绘制趋势曲线,并据此调整读数间隔。现代计算机系统能实时处理海量数据,便于维护工程师以客观标准确定设备检查与维修间隔。

表 7.2　所选测量点的特征频率和带宽

测量点	方向	参考频率/cpm	带宽
R01	径向	5 500	5 000~5 750
		11 100	10 000~12 200
Z01	缩放(径向)	750 000	725 000~770 000
R02	径向	5 500	5 000~5 750
		11 100	10 000~12 200
Z02	缩放(径向)	830 000	810 000~855 000
R03	径向	2 300	1 940~2 780
		5 550	5 000~5 750
		11 000	10 000~12 000
A03	轴向	5 500	5 000~5 750
		11 100	10 000~12 200
Z03	缩放	116 000	93 800~138 000
R04	径向	2 300	1 940~2 780
		5 500	5 000~5 750
		11 000	10 000~12 000
A04	轴向	5 500	5 000~5 750
		11 100	10 000~12 200
R05	径向	500	400~600
		1 200	1 100~1 320
		2 400	2 200~2 600
		3 400	3 000~3 500
		6 000	5 750~6 600
A05	轴向	1 200	1 100~1 320
		2 400	2 200~2 600
R06	径向	500	400~600
		1 200	1 100~1 320
		2 400	2 200~2 600
		3 400	3 000~3 500
		6 000	5 750~6 600
A06	轴向	1 200	1 100~1 320
		2 400	2 200~2 600

表 7.2(续)

测量点	方向	参考频率/cpm	带宽
R07	径向	1 200	1 100~1 320
		2 400	2 200~2 600
		3 600	3 550~3 650
		7 200	7 150~7 250
A07	轴向	1 200	1 100~1 320
		2 400	2 200~2 600
R08	径向	1 200	1 100~1 320
		2 400	2 200~2 600
		3 600	3 550~3 650
		7 200	7 150~7 250

第8章　状态监测

8.1　引　言

寿命预测对于每一代而言都是一项重大挑战,它不仅是科学研究与技术进步的核心议题,更推动着我们整合各种技术来诊断与预估系统的剩余寿命。随着时代的演进,现代社会的工具与机器日益精良与先进。随着设备复杂性的增加,对其行为的深入理解与精确数据的需求也愈发迫切。

寿命预测现已融合了物理理解与物理变量检测能力,并借助计算机算法处理数据,以便及时发现潜在的故障或功能缺陷。这些理念构成了状态监测系统的基石,其核心思想是分析机械系统的动态响应。机器可以通过驼峰质量模型来模拟,在强线性假设下,输出响应与输入信号成正比。实际应用中,输入信号关联于机器的激振力,而输出响应则表现为支承的位移。这种假设在旋转工业机器中广泛适用,非线性响应的机器则会有特定的输出表现。

传感器技术的进步使得我们能够利用加速度计来测量动态响应,这包括地震传感器以及压电电容(MEMs)传感器等多种技术。这些传感器能检测特定方向的振动,其测量结果即为实际的输出响应。

状态监测是预测性维护或主动维护的进化形态,尽管其起源难以追溯,但近年来预测维修已取得了显著进展。如今,它已成为最具创新性的机械故障预测解决方案之一,广泛应用于各工业领域。

随着振动传感器成本的下降,预测维护技术现已广泛应用于大型工业部门,从而大幅降低了故障成本。在初期阶段,这些系统尚不成熟,需要专业人员来收集和分析数据。然而,高精度加速度计与 FFT 算法的结合,使得机器状态的快速诊断成为可能。过去,振动传感器因成本和专业限制主要应用于特定设备;如今,超声波、热成像、声学传感器等新技术的加入,进一步增强了预测维护的效能。

预测性维护技术的实践首现于英国皇家空军。在严格遵循维修计划的情况下,故障率持续上升的现象引发了关注,此即所谓的“沃丁顿效应”。为解决这一问题,状态监测技术应运而生。通过对维护计划进行精细调整,使之与装备实际使用的物理条件及运行频率精准匹配,有效减缓了此类效应的影响。尽管数据处理工作量巨大,但项目实施已明显降低了故障发生率。状态监测系统通过振幅与频率分析,对振动数据进行深入评估,旨在准确掌握设备运行状态。首先,需对采集到的原始振动信号进行预处理,生成可供对比的参考基线。然后,在设备运行过程中,实时监测数据变化,这些变化动态反映了设备的实时状况。特别是在故障状态下,振动数据的变化将呈现出显著特征。

尽管涉及海量数据分析,但该措施的实施已显著降低了设备故障发生率。状态监测系统通过分析振动数据的振幅与频率,精准判断机器的工作状态。系统首先对采集的原始振动信号进行预处理,构建参考基线。此后,在设备运行期间,系统持续追踪数据变化,这些动态变化实时揭示了机器的运行状况。一旦设备出现故障,振动数据会产生明显异常,触发预警提示。

这些状态监测系统不仅提升了设备的可靠性,更成为现代“双机”理念的数据基石。“双机”即为真实设备的数字化孪生体,其模型依据传感器与分析系统持续收集的信息动态更新。如此一来,不仅强化了设备自身的可靠性保障,更为采购决策与供应链管理提供了强有力的数据支撑,从而优化了备件库存配置。

8.2 描 述

状态监测系统对于深入理解机械,尤其是旋转机械的行为至关重要。它们在预测组成机器的大部分元件故障方面扮演着关键角色;不仅能识别故障的种类,还能精准捕捉到某个部件开始出现故障的瞬间;此外,它们为机械设计的改进提供了丰富的数据资源,通过分析这些数据,可以揭示工作负载、使用寿命与故障模式之间的内在关联,为未来设计提供宝贵输入。状态监测系统的架构和定义决定了机器运行后将产生何种类型和数量的数据。

设计状态监测系统时,必须确保其具备高度的稳定性和可靠性,因为其核心任务之一就是准确判断故障发生的时刻。这一特性构成了围绕 CMS 开展的大量研究的基础,这些研究主要聚焦于传感器技术、分析方法、预测算法以及各类测量设备。在诸多测量技术中,振动测量依然是 CMS 中最可靠的一种,且可通过整合其他仪器获取的补充数据进一步提升其准确性。然而,振动信号往往伴有大量噪声,且对噪声源的知识掌握不足。目前,故障预测主要基于机器对激励力动态响应的分析。与此相关的一个挑战是,CMS 需将故障与特定频率下的动态响应及其在整个设备生命周期内的变化关联起来,但噪声响应中也可能蕴含早期故障信息,这要求除常规信号分析(如傅里叶变换)之外,还要采用其他类型的分析方法。

CMS 需要复杂算法来处理所有接收到的信号。设备通常配备足够数量的传感器以记录各种数据,包括振动、温度、电源电流、油液品质、温度曲线、声音、声发射以及与特定设备工艺相关的其他变量。部分变量可实现在线(连续)监测,而其余则需定期测量,定期记录的数据能有效增强对连续数据的分析。

油液分析能揭示金属部件磨损、污染物存在及油液老化等情况。既有连续监测油液的传感器,提供微小颗粒和油液劣化迹象,也有磁性探测器识别大颗粒和油液降解产物,为报警提供全面信息。通过智能算法,磁探测器生成的信号可作为输入,以增强对连续振动测量的解读。如此一来,振动测量可识别出故障部位,而磁性检测则能查明故障原因。例如,若振动信号分析显示滚动轴承振动加剧,磁性检测器将确认是否存在碎屑生成,两者的信号结合工艺参数,可更精确地判定故障类型。如磁性探测器检测到碎屑,则可能意味着滚柱轴承出现裂纹并伴有材料损失。此外,还有热成像(图 8.1)、声发射、内窥镜检查等技术作为振动测量的补充手段。

提升 CMS 效能的最佳途径是构建一个综合所有可能信号的专家系统,该系统能分析数据,生成多种可能的输出,并对未来的故障进行预防。鉴于油液传感器仅能检测有限参数,准确的油液分析还需依赖实验室对批量样本进行测试。重要的是,CMS 设计应确保实验室结果(如水分含量、黏度变化、洗涤剂降解等)定期融入专家系统,并与相应连续测量数据同步(图 8.2)。

监控过程参数以确定机械设备所承受的功率需求水平至关重要。这些参数涵盖电机

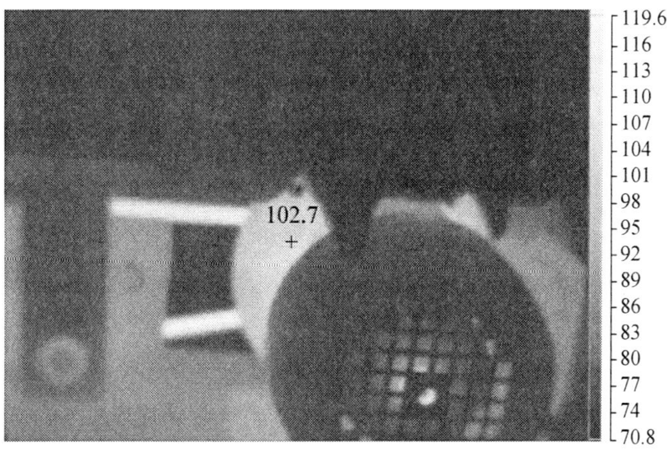

图 8.1 热成像分析的典型图像

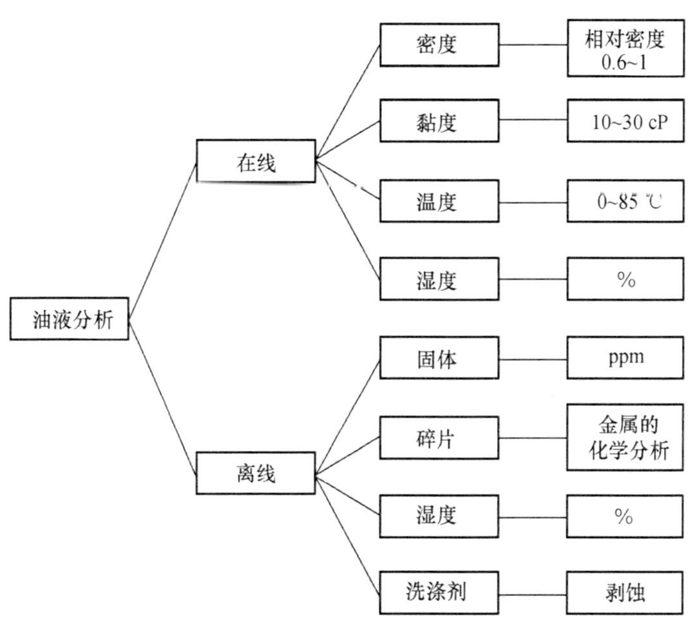

图 8.2 油液分析系统的结构

电流电压、热力机械的压力温度、内燃机的废气排放以及实际转速等。

作为工业 4.0(第四次工业革命的组成部分)的重要组成部分,CMS 基于信息物理系统,其传感器与算法能提供生产条件、维护操作预测以及产品和工艺生命周期估算等宝贵数据。工业 4.0 整合这些信息,为在全球环境下做出决策提供了全景视图。

8.3 信号分析

信号分析是确立有效监测条件的基础。关于振动现象及其测量的详尽探讨已在前文中展开,其中涵盖了传感器的不同类型。文中明确指出,对于振动信号的分析,有两个核心参数尤为关键：频率范围与振动幅度。针对极低频振动，建议采用位移传感器或速度传感器；而在处理较高频率振动时，加速度计则是首选。传感器的增益设定同样不容忽视，因为它直接影响信号"形状"的清晰度和准确性，从而影响后续分析的有效性。

由于机械设备的行为随时间动态变化，相应的监控信号自然也具有时间依赖性，它真实地反映设备的本质特性和当前状态。传感器记录的原始数据通常包含多个频率成分，各分量效应相互叠加，形成复杂的时间序列。为了有效解析这些信息，必须将数据转换至不同的数学域以进行分离和解析。前文已阐述了傅里叶变换的应用，这一经典数学方法因其普适性和在工业领域的广泛接纳而备受重视。在本章中，我们还将介绍其他信号分析技术，并对其基本原理加以说明。所有这些技术均植根于卷积定理这一核心数学原理，通过卷积运算揭示信号内部结构和隐藏关系，从而助力于状态监测与故障诊断。

信号分析的核心基石是傅里叶变换，这一数学工具巧妙地将数据序列从时域转换至频域，揭示其组成的一系列频率成分。它植根于拉普拉斯变换的深厚理论，基于这样一种深刻洞察：任何周期性信号均可由无穷序列的正弦与余弦波，通过加权求和精确再现。然而，傅里叶变换亦非无所不能，其面临的局限性体现在两方面：一是无法捕捉信号中的瞬变细节；二是面对非线性数据时，可能生成缺乏物理实质的频谱结果。

为突破这些界限，1946 年，Dennis Gabor 匠心独运，引入了一项革新策略，将传统的信号处理维度从单一向度拓展至多维度空间，此即短时傅里叶变换(STFT)的诞生。该技术的精髓在于运用一个精心界定的"时间窗"，沿信号轨迹平移扫描，从而在保留时间信息的同时，实现局部化的频谱分析。每一时间片段通过傅里叶变换被解码为特定频率组成的模块，这些模块的时空分布绘制成二维图像——时频图或频谱图(图 8.3)，该图直观展示了频率随时间的动态分布。

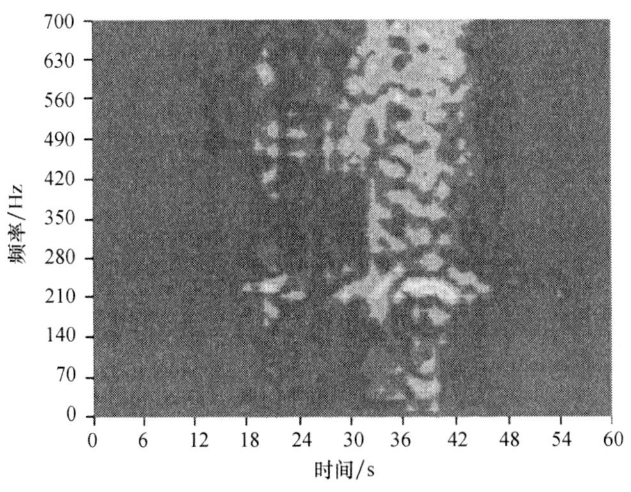

图 8.3　短时傅里叶变换

时频图的构建，实质上是对信号执行一系列离散的傅里叶变换，进而展开为丰富的时频视觉画卷。在此图谱中，不同的频率依据其出现的时间节点被清晰分辨，瞬态现象与非线性效应得以凸显，成为图中不可或缺的构成元素。简而言之，线性系统在单一频率激励下的响应，会呈现为沿时间轴延伸的水平线条，而复杂振动信号，其随时间演化的多频段特征,则会映射为图中错落有致的纹理和结构(如图 8.4 所示,该图例基于从摩擦壳体转子采集的数据)。短时傅里叶变换的数学表达式,正是这一深度时频分析过程的严谨公式化体现。

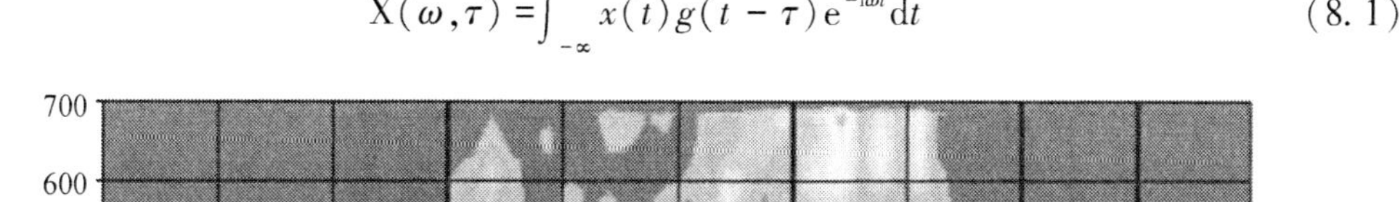

$$X(\omega,\tau)=\int_{-\infty}^{\infty}x(t)g(t-\tau)e^{-i\omega t}dt \tag{8.1}$$

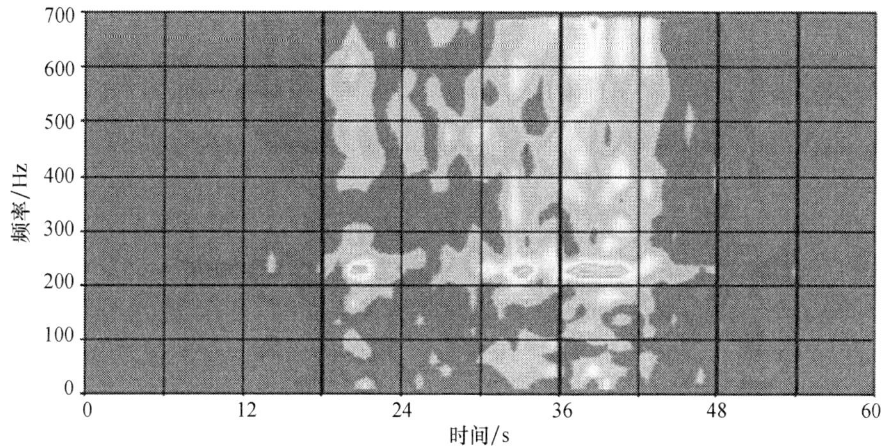

图 8.4　摩擦数据的频谱图(连续小波变换)

式(8.1)实质上衡量了信号 $x(t)$ 与调制窗函数 $g(t)$ 的匹配度。不过,这种时间上的局部化处理,虽将信号分段,却也在段间界面引入了非周期性特征及不连续性,进而导致傅里叶变换在高频域中产生更为显著的频谱泄露现象。为减轻此类负面影响,“窗口”概念应运而生,通过采用平滑过渡的窗函数来优化信号的分割过程,取代了生硬的矩形分割法。理想的窗函数特性为:中心区域值高,向两端渐趋零值,以此柔化边界效应。表 8.1 罗列了多种窗函数实例。

表 8.1　短时傅里叶变换的窗口函数

函数名称	函数
Barlett	$g(t)=a_0-a_1\left\|\frac{t}{\tau}-\frac{1}{2}\right\|-a_2\cos\left(\frac{2\pi t}{\tau}\right)$
Bisquare	$g(t)=(1-t^2)^2$
Gaussian	$g(t)=\frac{1}{\sqrt{2\pi}}e^{-\frac{t^2}{2}}$
Hamming	$g(t)=\frac{25}{46}-(1-\frac{25}{46})\cos\left(\frac{2\pi t}{\tau}\right)$
Hann	$g(t)=a_0-(1-a_0)\cos\left(\frac{2\pi t}{\tau}\right)$

表 8.1(续)

函数名称	函数
Kaiser-Bessel	$g(t)=\dfrac{J_\alpha\left(\pi\alpha\sqrt{1-\left(\dfrac{2t}{\tau}\right)^2}\right)}{J_\alpha(\pi\alpha)}$ J_α 是零阶修正贝塞尔函数
Welch	$g(t)=1-\left(\dfrac{t-\dfrac{\tau}{2}}{\dfrac{\tau}{2}}\right)^2$ τ 是向量长度

生成更高效的时频图(频谱图)的手段之一便是连续小波变换。“小波”一词源于法语“ondelette”,意指细小波浪。尽管诸多研究者曾探索过替代傅里叶分析的方法,但让·莫莱是首位实现分析窗口缩放与移动技术的先驱。他通过分析地面回声信号(源自发射的声波脉冲),成功鉴定了地下石油资源,这一突破性工作奠定了小波的基础。随后,莫莱与亚历克斯·格罗斯曼在20世纪80年代正式命名了这一概念,他们的工作吸引了广泛的关注。Stromberg在离散小波变换领域做出了早期贡献,而Meyer与Mallat则深入研究了多分辨率分析。纽曼专注于开发适用于振动分析的谐波小波,英格丽德则基于正交多分辨率理论,提出了一套离散小波集。

小波变换因其在图像处理、数据压缩、解决微分方程等领域的广泛应用而备受瞩目。它擅长将复杂的非线性信号分解成多个频率成分,同时维护了信号的时间序列信息,清晰地区分了固定频率与随时间动态变化的频率成分,前者通常与线性动态行为相关联,后者则揭示了信号中的非线性特征。

小波变换的数学表述基于卷积原理:

$$X(s,\tau)=\frac{1}{\sqrt{s}}\int_{-\infty}^{\infty}x(t)\Psi^*\left(\frac{t-\tau}{s}\right)\mathrm{d}t \tag{8.2}$$

式中,$s>0$,是缩放参数,它与频率成反比;它还决定了基函数(即母小波)的时间和频率尺度。Ψ^* 是另一个小波的复共轭函数。

例如,Morlet母小波被定义为

$$\Psi\left(\frac{t-\tau}{s}\right)=\mathrm{e}^{\mathrm{i}2\pi f_0\left(\frac{t-\tau}{s}\right)}\mathrm{e}^{-\alpha\frac{(t-\tau)^2}{s^2\beta^2}} \tag{8.3}$$

式中,f_0,α,β 为常数。

式(8.3)由一个正弦函数和一个对数递减函数构成。该函数类似于二阶微分方程的响应,可以识别线性系统反应的测量数据之间的相似性。时间间隔计算如下:

$$\Delta t=\frac{s\beta}{2\sqrt{\alpha}} \tag{8.4}$$

频率间隔为

$$\Delta f=\frac{\sqrt{\alpha}}{2\pi s\beta} \tag{8.5}$$

小尺度值分解高频分量,而大尺度值分解低频分量。图 8.4 显示了利用连续小波变换对转子与机匣的碰摩数据进行分析的频谱图。

8.4 识别技术和状态指示器

CMS(condition monitoring system)通过信号分析与多种技术的综合运用,来跟踪并解析这些分析结果的动态演变。信号的变异需在特定时间段内被准确捕捉,这个时间段由多个参数和数据的细微变化共同决定。以下内容将列举用于评估这些变化的关键参数。

8.4.1 智能系统

故障识别过程始于识别激励频率(参见前期章节),这些频率由机械各个组件产生(附录汇总了这些频率信息)。然而,仅凭识别与已知故障关联的频率来限定 CMS 的应用范围是不够的,因为其他故障机制可能产生非典型振动形态,与传统振动信号有所差异。

8.4.2 故障演变的量化指标

描述故障随时间发展的几个关键指标要求定义两个额外变量:样本容量(由采样率和相关频率决定)和采样周期(一般每两周一次,除非数据有显著变化)。尽管某些系统支持连续监控,但这要求有庞大的数据库容量以避免短期内过载。

8.4.3 信号分析技术

信号分析技术旨在处理原始数据,生成频谱或时频图(频谱图)。这些数据代表了之前提到的样本,而其他指标则关注于样本间随时间的变化情况。

8.4.4 时间同步平均法(TSA)

时间同步平均作为一种降低复杂信号噪声的技术,区别于谱平均。它在傅里叶变换前,通过时间缓冲区对原始信号波形进行平均。采用与设备转速同步的触发器采样,多次重复直至随机噪声被平滑,从而保留了相干信号,滤除了高频噪声。但该方法可能误删异步或非同步故障信号。TSA 适合作为建立健康基线的程序,特别是在设备未出现初期故障且波形无谐波时。它也能为同步振动故障设定参考水平,而对于非同步信号及噪声(尤其是非线性故障),则需另外保留。

8.4.5 状态指标(CI)的定义与参考水平设定

基于处理后的数据,定义状态指标(CI),确立参考水平,作为状态监测的基准。每次采样时,CI 的变化体现了趋势性和随机性。CI 值跨越阈值表明出现故障可能性高,若趋势斜率增大,应缩短采样周期以及时捕捉设备状态的显著变动。

8.4.6 临界限值设置(CLs)

CLs 的定义因分析角度和考虑因素各异。它们可针对每个特定频率和时间间隔单独设定。下面将介绍几种推荐的配置选项。

8.4.7 均方根变化(RMS 变化)

每次采样时评估 RMS 值,用以衡量信号能量含量,作为机器健康状态的指示器。然而,RMS 计算倾向于忽略高频低幅信号,这是其主要局限性。均方根的数学公式为

$$A_{\mathrm{RMS}} = \sqrt{\frac{1}{N}\sum A_i} \tag{8.6}$$

式中,$\boldsymbol{A}_i$ 是包含样本信号的数据矢量。采样时间内均方根系数的变化如图 8.5 所示。

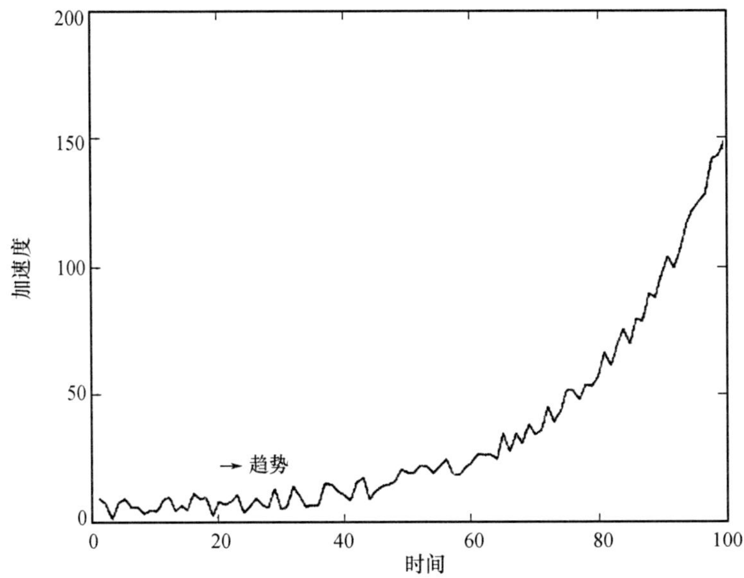

图 8.5 采样时间内均方根系数的变化

8.4.8 最高峰值

最高峰值变化趋势显示机器状态更迭及元件是否显著变动。然而,其局限性在于这些变化可能仅由操作变化而非实际的故障损坏引起,从而可能导致误报。因此,在评估最高峰值时,建议针对各个关键频率(如附录所定义)进行细致分析,以确保准确判断机器状态。

$$A_{\mathrm{H}} = \max(A_i) \tag{8.7}$$

最高峰值是 RMS 分析的补充。

8.4.9 边带电平指数

边带指数(电平比)界定为特定频率旁瓣的平均振幅。该参数有效监测旁瓣强度的增长,尤其在机械信号调制、旁瓣波动,或组件遭遇瞬态/非稳态工况时。

8.4.10 标准差

标准差量化了围绕信号均值的所有波动。其提供信息类似于均方根,但当信号含有偏

移时,采用标准差衡量优于均方根。

$$\mathrm{SD} = \sqrt{\frac{1}{(N-1)}\sum(A_i - \bar{A})} \tag{8.8}$$

式中,$\bar{A}$ 是平均值,N 是数据向量的长度。

8.4.11 波峰因子

波峰因子展示能量含量相关信号幅度的变异;峰值的任何变动均会调整这一数值,其或是故障的一个标识。具体来说,当系数为$\sqrt{2}$且正弦波的振幅比达到6时,标志着存在损害。

$$\mathrm{CF} = \frac{A_{i+1} - A_i}{A_{\mathrm{RMS}}} \tag{8.9}$$

该CI放大局部变化,并区分与高频内容相关的故障。

8.4.12 形状因子

形状因子表示信号时域中的标准偏差除以总信号值。

$$\mathrm{SF} = \frac{\sqrt{N[\sum A_i^2]}}{\sum |A_i|}$$

8.4.13 能量测量

能量测量是来自信号的归一化峰度。在原始信号的每一点上,指标由两个相邻点的平方差确定

$$E = \frac{N^2\sum[(A_{i+1}^2 - A_i^2) - \bar{A}]^4}{\sum\{[(A_{i+1}^2 - A_i^2) - \bar{A}]^2\}^2} \tag{8.11}$$

8.4.14 峰度

峰度是给定信号的四阶标准化矩,其给出信号的显著峰值的度量。高斯噪声信号的峰度值是3,而具有可变峰值的信号具有更高的值

$$K = \frac{N^2\sum[A_i - \bar{A}]^4}{\sum[(A_i - \bar{A})^2]^2} \tag{8.12}$$

8.4.15 能量比

$$E_{\mathrm{R}} = \frac{\sigma_{\mathrm{f}}}{\sigma_{\mathrm{r}}}$$

式中,σ_{f} 是故障信号的标准偏差,σ_{r} 是机器在健康条件下运行时记录的信号的标准偏差(基线信号)。该系数测量相对于参考值的失效增量,也作为样本的RMS和基线之比。

8.4.16 零级品质因数

零级品质因数定义了峰—峰振幅与参考频率的能量含量之比,可用于检测时间同步平均值的变化。该参数相对于波峰因数的不同之处在于:它将峰值的变化与信号时间平均值进行比较,而另一个参数将峰值与能量含量进行比较。

$$\mathrm{FMO}=\frac{A_{\mathrm{peak-peak}}}{\sum A_i} \tag{8.14}$$

$A_{\mathrm{peak-peak}}$ 是最大峰—峰振幅。

8.4.17 平面度 FM4

平面度 FM4 用于甄别信号形态特征,以区分其表现是峰值还是平坦特性。具体操作涉及选取原信号的关键数据点集,据此构建一个参照信号,该信号内嵌设备机械组件振动信息(见附录)。从原始信号中扣除此参照信号,正常运行状态下,剩余信号仅呈现高斯噪声形态;相反,若设备存在缺陷,剩余信号则会夹杂非高斯噪声成分。

$$F_1=\frac{N\sum(A_i-\bar{A})^4}{\left[\sum(A_i-\bar{A})^2\right]^2} \tag{8.15}$$

该参数的一种变化是仅使用包络信号,提取较高频率。

8.4.18 剩余平整度指数 NA4

剩余平整度指数 NA4 成功弥补了平坦度因子的若干不足,通过整合参考信号的即时数据残差进行评估。其机制包含保存过往样本,并针对每份储存数据单独产出残差信号。随后,将这些残差信号的第四统计矩与所有存储样本标准差的均值进行对比分析。

$$\mathrm{NA4}=\frac{N\sum(A_i-\bar{A})^4}{\frac{1}{M}\sum\left[\sum(B_i-\bar{B})^2\right]^2} \tag{8.16}$$

式中,B 是存储的样本,$\bar{B}$ 是每个存储样本的平均值,M 是存储样本的数量。该指标反映了故障沿采样周期的传播,并且对振幅的增量敏感。

8.4.19 包络因子 NB4

包络因子与残差平坦度指标相似,但融入了信号包络的考量。针对每一特定所需频率,参数被独立设定(关于单个信号详情,请查阅附录)。接着,在邻近所需频率处对信号实施滤波,并对滤波后的各信号执行希尔伯特变换。之后,利用这些变换结果来计算相关参数。计算公式如下:

$$\mathrm{NB4}=\frac{N\sum(E_i-\bar{E})^4}{\frac{1}{M}\sum\left[\sum(B_i-\bar{B})^2\right]^2} \tag{8.17}$$

式中,

$$E_i = \sqrt{A_i^2 + \tilde{A}^2}$$

$\tilde{A}$ 是滤波信号的希尔伯特变换:

$$\tilde{A} = \mathcal{H}(A_i) = \frac{1}{\pi}\int_{-\infty}^{\infty} A_i \frac{\mathrm{d}\tau}{t-\tau}$$

该参数放大了由机器部件中的任何故障引起的波动。

8.4.20 香农熵

香农熵揭示信号能量的分布特点,定义为信号中数值 a 出现的频次占比,即 a 在构成信号的样本数据集中出现的概率。数学表达上,可表述为

$$H_{\mathrm{E}} = -\sum_{j-1}^{n} p_j \log p_j \tag{8.18}$$

式中,

$$p_j = P(A_i | A)$$

8.5 案例研究

本案例分析展现了多种指标在监测转子与壳体摩擦引发振动中的应用情景,此故障现象极具非线性特征,属典型故障案例之一。研究中,数据在故障演进过程的三个关键阶段被重新采集分析。这些阶段揭示了故障的渐进发展。案例研究表明,所选指标能有效识别主故障频率,故障随时间演化过程中,不同指标表现各异:部分指标值下降,可能减弱了故障的表征;而另一些则与损伤加剧趋势相符。图 8.6 形象展示了转子与壳体摩擦的情景。初始阶段,转子运转自如,未触碰周边结构;但随着轴偏斜加剧,转子与壳体发生碰撞,伴随摩擦力及径向力的产生。随之,径向形变加剧,摩擦增强,导致振动幅度较轻微摩擦时显著提升。

图 8.6　转子与机壳摩擦示意图

振动数据在转子支承点采集,代表三种工况:无摩擦、轻度摩擦及重度摩擦。

这三个阶段于不同时间点取样,映射了故障逐渐发展的过程。图 8.7 展示实测数据,而图 8.8 则呈现三者频谱图。显而易见,主峰位于转速频率,但依据负载条件,次峰频率各异:

低负载时位于 116 Hz,高负载时则移至 80 Hz。

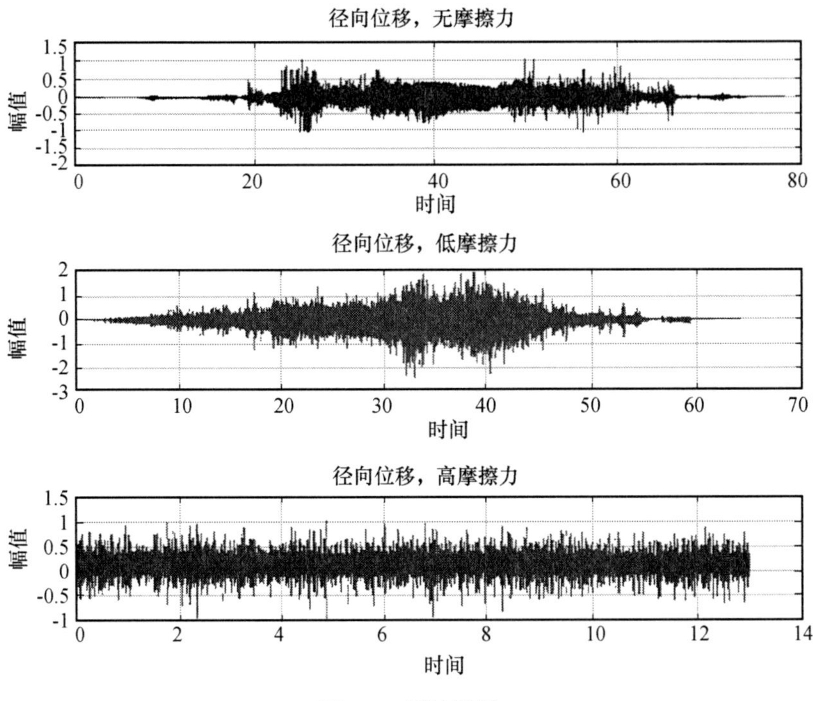

图 8.7　原始数据

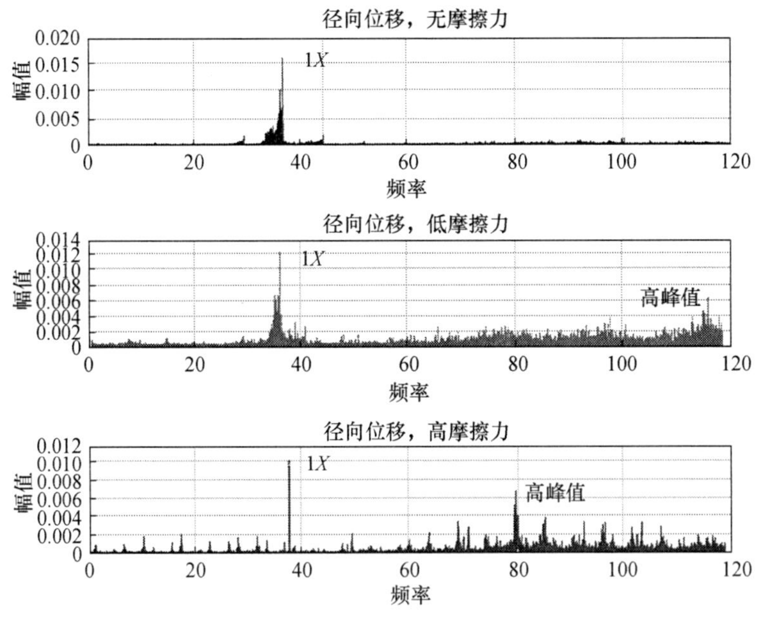

图 8.8　三个样本的频谱图

为探究故障演变,采用覆盖全样本的指标进行评估。本案例聚焦均方根、峰度、香农熵及形状因子。这些指标从不同维度刻画样本数据的健康状态。图 8.9 展示了各阶段的均方根变化,低摩擦状态下值较高,理论上恶劣条件应达峰值。峰度(图 8.10)与形状因子(图

8.11)亦呈现类似趋势。指标间的差异体现在敏感度上,均方根变化比为1.7,峰度比2.5,形状因子比高达3.8,表明形状因子对细微变化更为敏感。相比之下,香农熵(图8.12)呈现独特结果,低摩擦状态对应最低值,而无摩擦(健康状态)则为最高。其趋势虽与其他指标不同,却揭示了三阶段间的一致性联系。

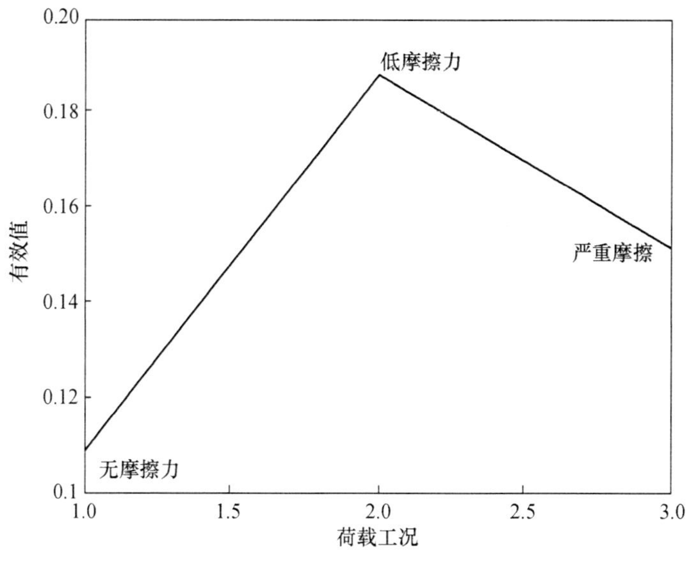

图 8.9 RMS 指标的演变

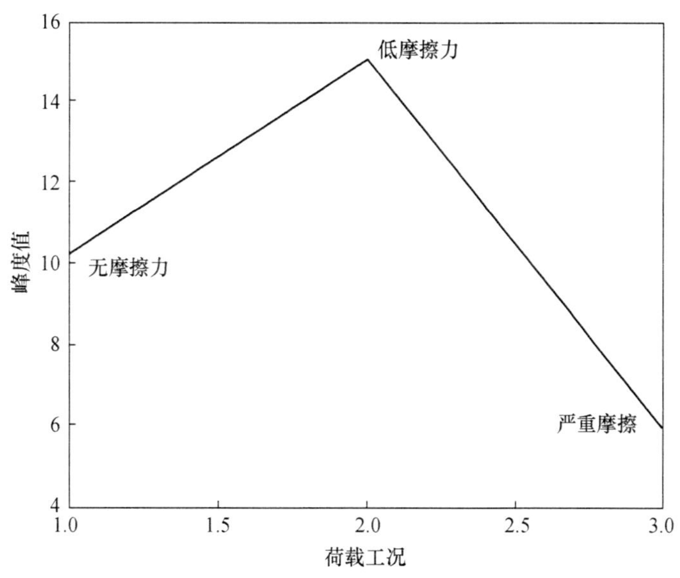

图 8.10 峰度指标的演变

我们采用其他指标来探究信号数据中的变异情况。具体通过波峰因子分析测量数据(图8.13),然而,直接解析这些数据较为复杂,为此引入快速傅里叶变换进行辅助分析。转换结果体现在图8.14中,展示了三种工况下波峰因子的频谱特征。对比原始信号频谱

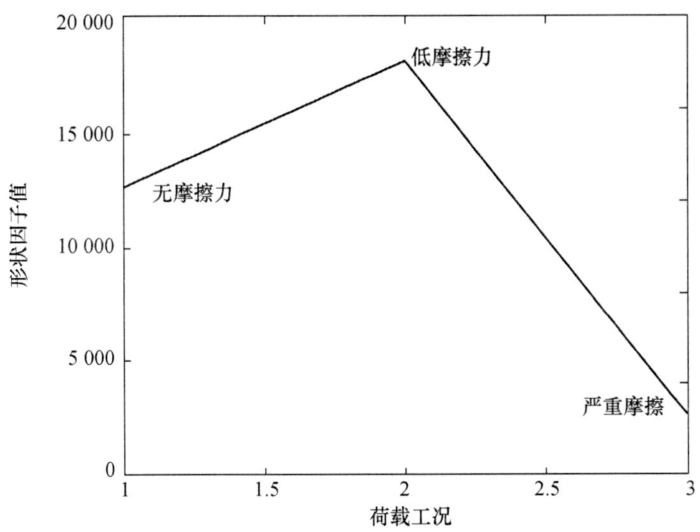

图 8.11　形状因子指标的演变

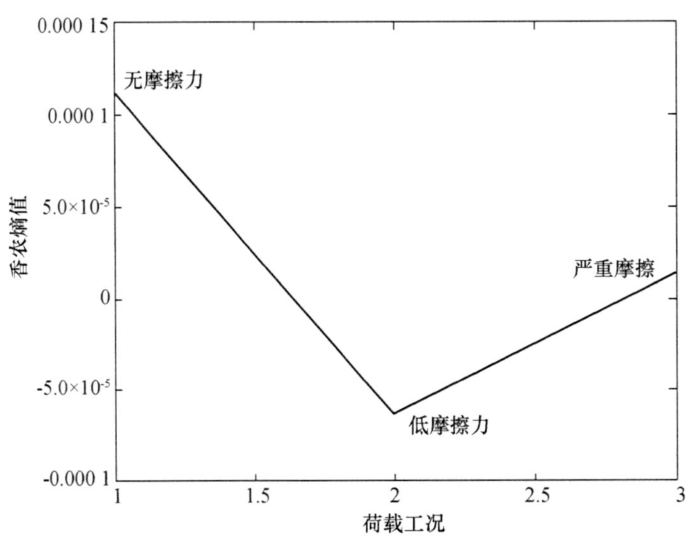

图 8.12　香农熵指标的演变

(图 8.8)不难发现,波峰因子有效增强了信号中的高频部分,从而更加凸显了故障演进的信息。此指标在评估故障进展方面展现出优越性,特别是它能精准识别"高频态"下的峰值变化,指示了故障发展的高频特征。

在定义监测指标时,需考量目标故障类型的特性。系统设计应涵盖综合性指标与特定性指标。案例研究表明,波峰因子与香农熵在评估中表现突出,尤其是在低摩擦条件下,因信号相对有序,频谱峰值清晰,相比高摩擦状态下频谱的复杂"噪声"更为适用。因此,指标的选择需基于被监测对象的具体特征,且应综合运用多种指标,以有效捕捉各个关键频率的趋势变化(详细组合方式见附录)。

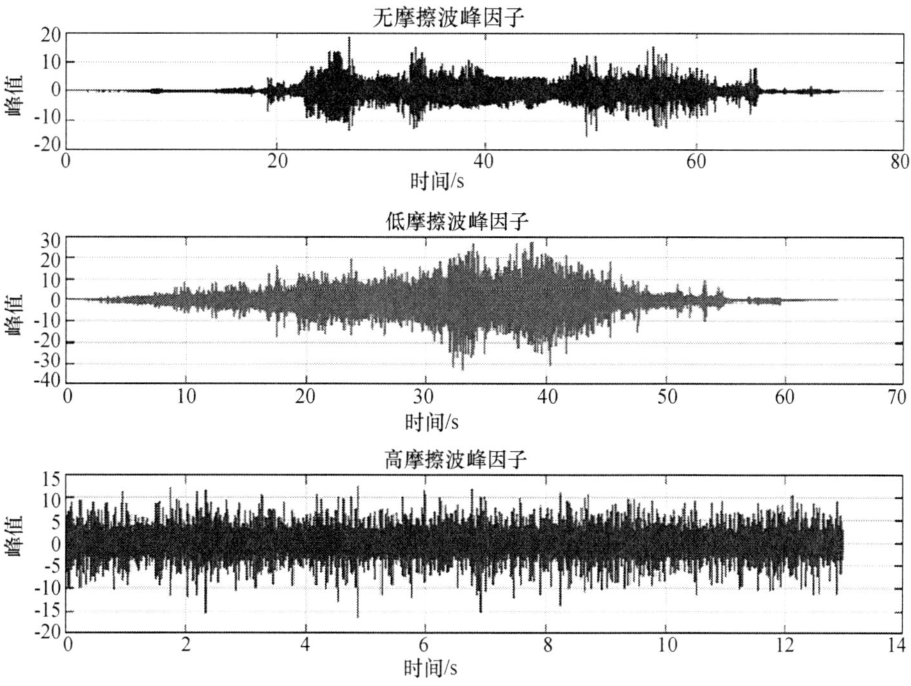

图 8.13 波峰因子指示器

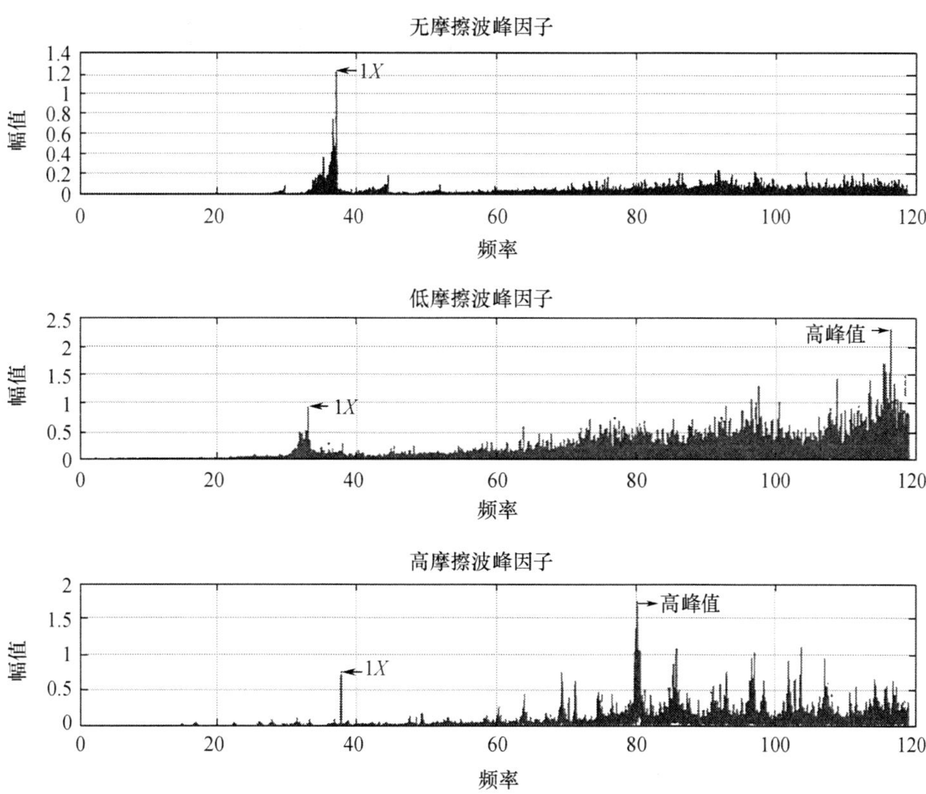

图 8.14 波峰因子指示器的频谱

附　　录

本附录概括介绍了关键故障及其典型频谱特征。所有频谱均通过模拟信号生成，旨在突出故障响应的特征。分析中采纳以下假设条件：同时在两个支座上记录两个测量值，并在时域中分析两信号间的相位差。

不平衡

首先探讨的故障类别与转子内部缺陷相关。

1. 静不平衡

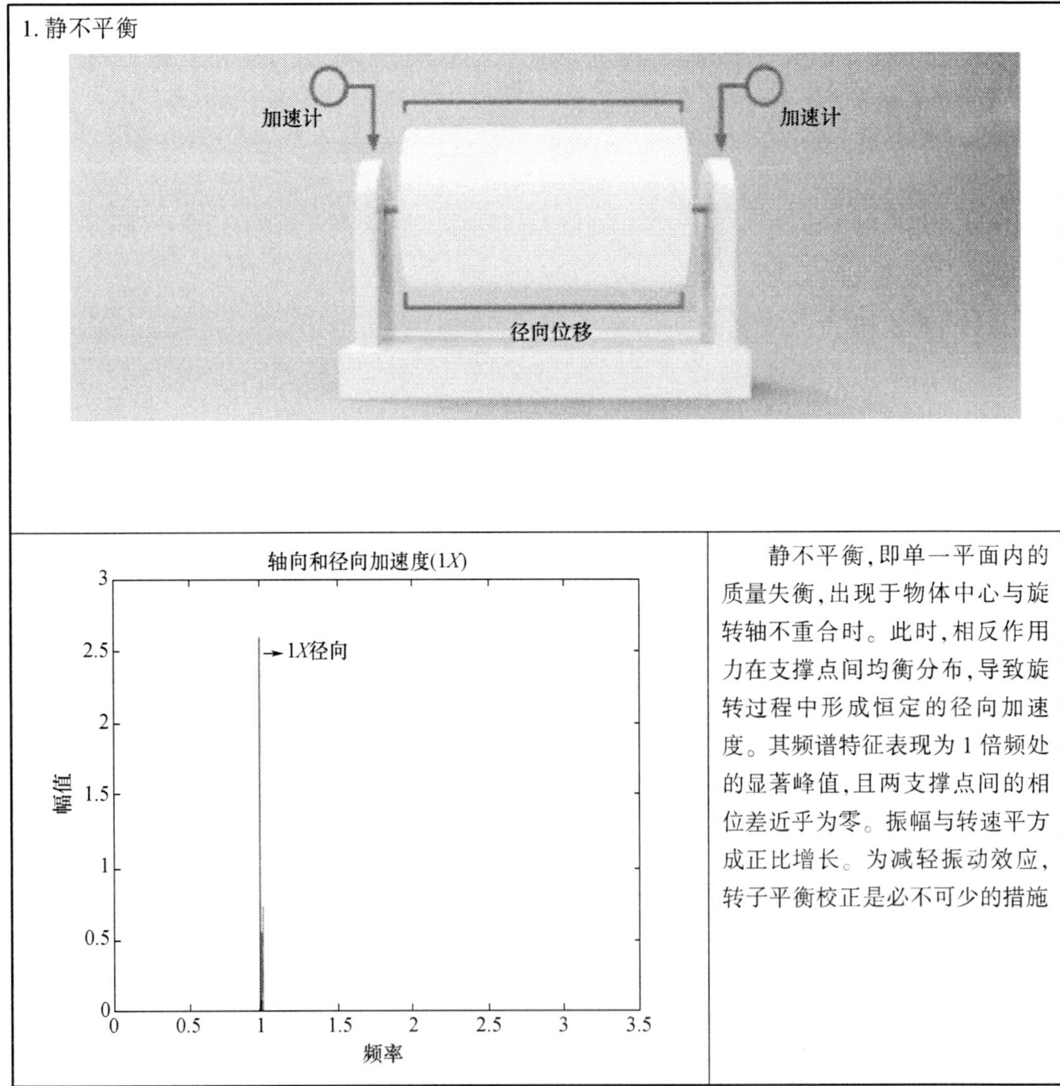

静不平衡，即单一平面内的质量失衡，出现于物体中心与旋转轴不重合时。此时，相反作用力在支撑点间均衡分布，导致旋转过程中形成恒定的径向加速度。其频谱特征表现为1倍频处的显著峰值，且两支撑点间的相位差近乎为零。振幅与转速平方成正比增长。为减轻振动效应，转子平衡校正是必不可少的措施

2. 动不平衡

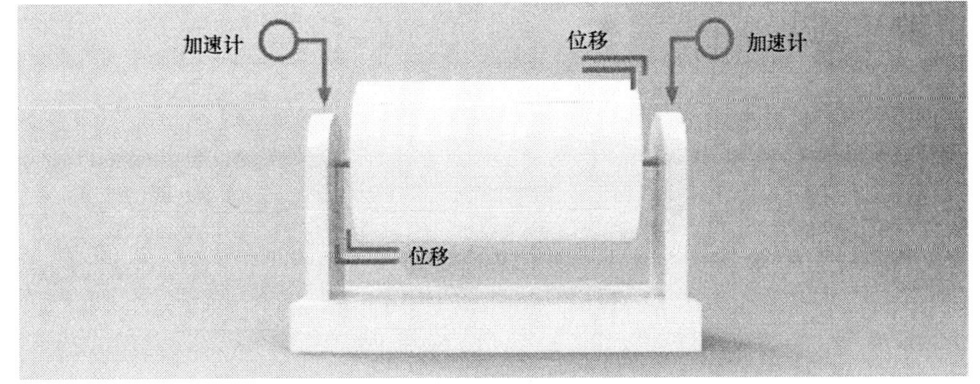

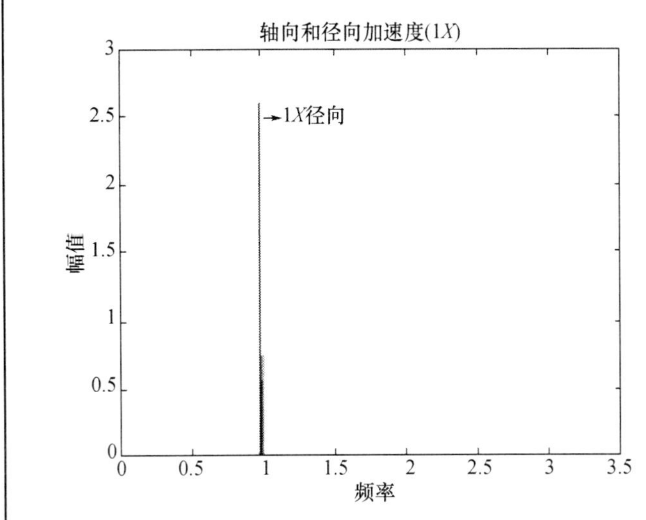

动不平衡，又称为双面不平衡，其特点是质心偏离旋转轴线，并且在轴向上更偏向某一轴承点。如此一来，轴承受力变得不均衡。两信号间的相位差呈现180°，且在频谱分析中，轴向与径向均在1倍频位置展现出显著峰态，振幅随转速平方增大。解决此问题需在双平面上对转子实施平衡处理

3. 悬臂转子不平衡量

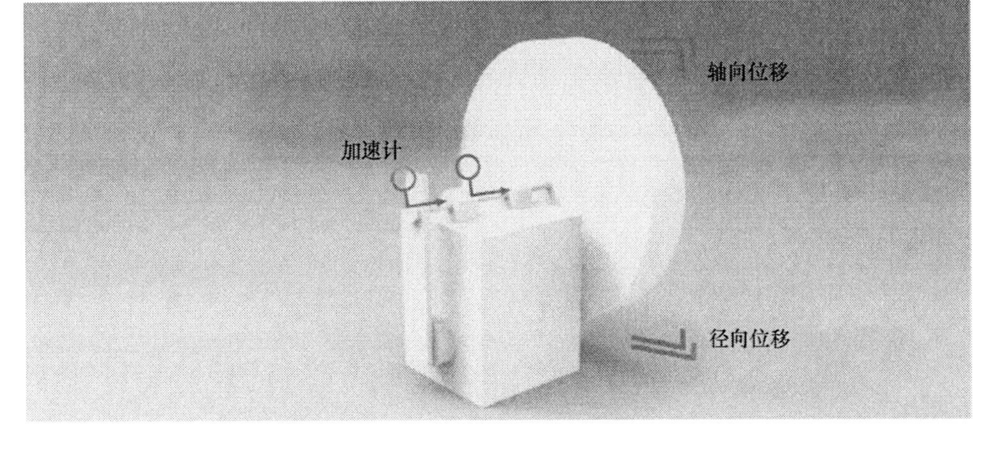

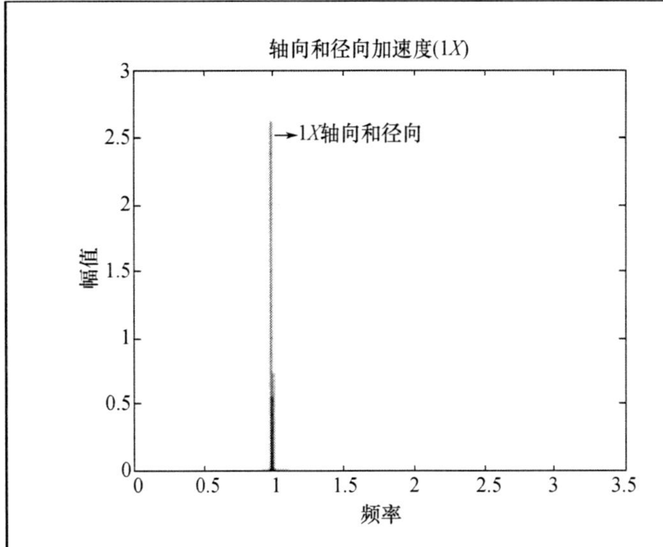	径向悬臂梁故障体现了静态与动态不平衡的双重特性,其标志为轴向往复运动的主频偏高。在此情形下,两径向测点的相位差趋近于零。为有效缓解该问题,推荐采取双平面平衡策略:理想情况下,一是在转子自身施加平衡配重;二是在转子另一端做相应调整

4. 偏心转子

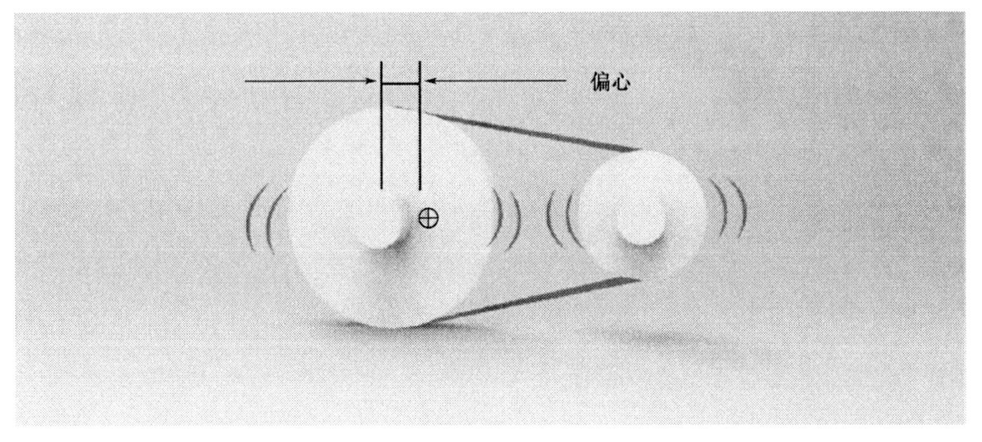

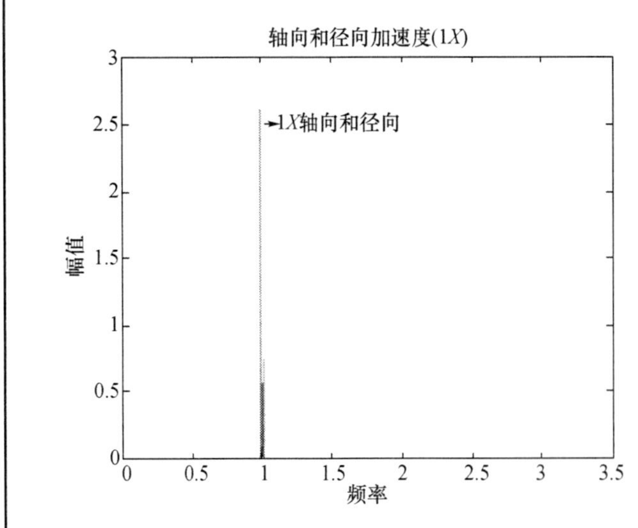	转子偏心发生于旋转中心与几何中心不重合时。其动态行为与不平衡转子相似,特征在于径向1倍频处呈现主导峰值,且水平与垂直方向的振动相位差为180°。减振措施包括转子平衡,但可能仅显著降低某一方向的振动幅度

5. 弯曲转子

加速度计

轴向位移

弯曲轴

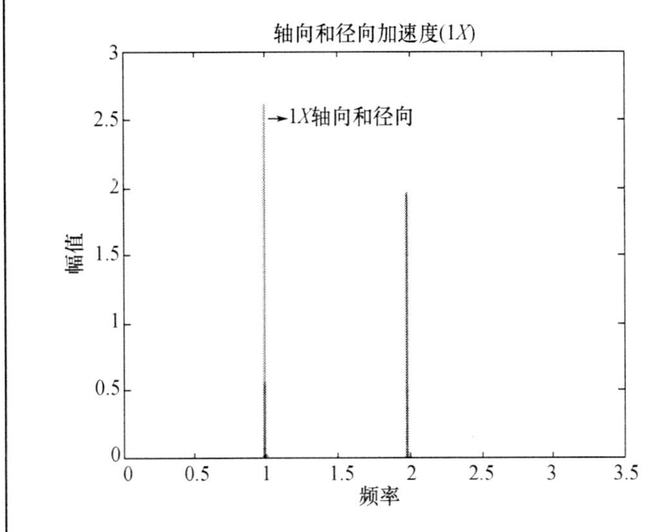

转子轴弯曲源自多因素，既可为短暂现象，亦能呈永久状态，尤以轴向存在热梯度为常见情境。振动频谱特征为主峰位于 1 倍频，伴随 2 倍频的次峰。支承点间信号相位差固定于 180°

不对中

第二组故障与不对中问题有关。

<table>
<tr><td colspan="2">6. 角度偏差
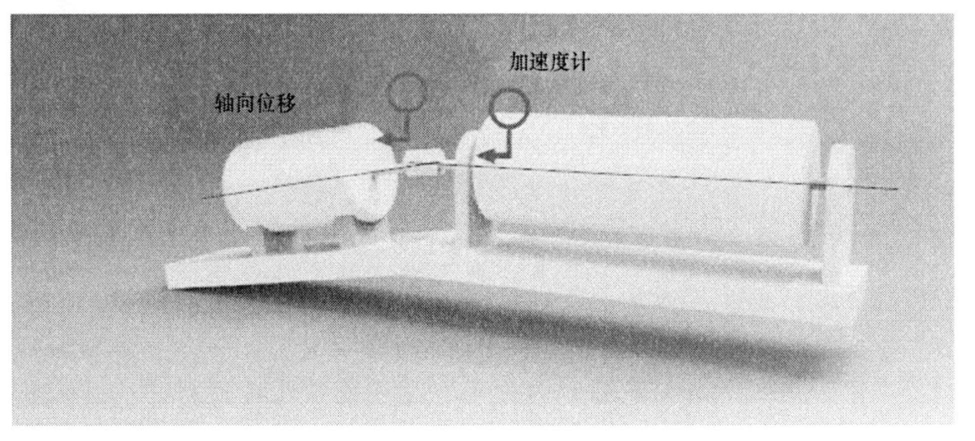
</td></tr>
<tr><td>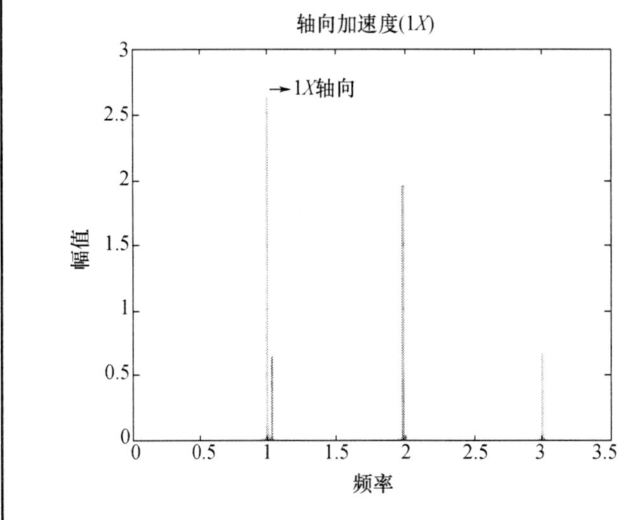
</td><td>错位问题尽管解决起来较为直接，但仍需采用系统化方法处理。
当轴向振动显著增加时，通常指示转轴间存在角度偏差。在振动频谱分析中，轴向方向上的2倍频与3倍频位置展现显著峰值，且轴向振幅超越了径向振幅。若对中调整后振动问题仍存在，需进一步在联轴器中排查其他潜在诱因</td></tr>
</table>

7. 平行度偏差

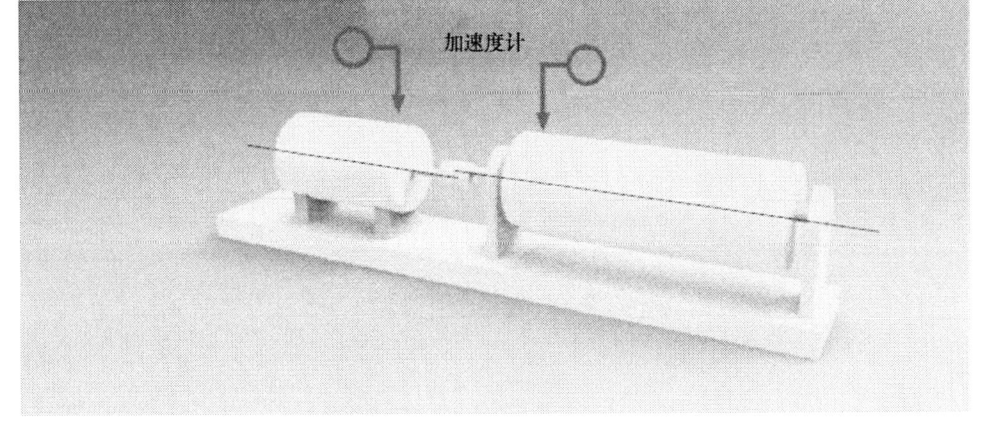

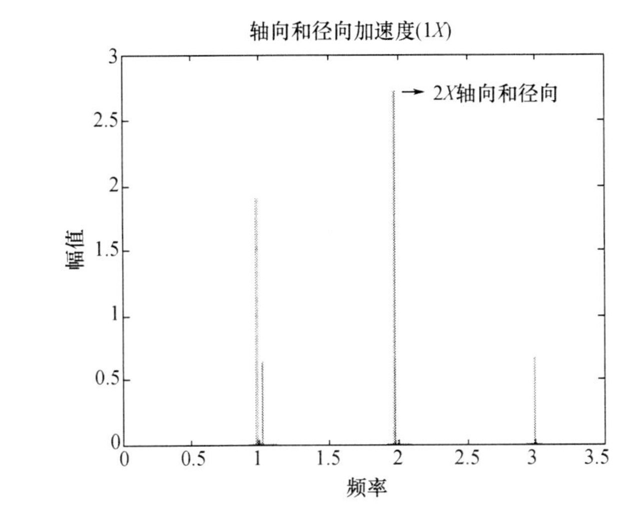

平行度偏差导致径向振动加剧,轴体相绕行进并在每旋转半圈时形成振动峰值。在频谱特征上,2 倍频处呈现显著峰顶,3 倍频亦有突出表现。联轴器相对两端支承点的信号相位差固定于180°。振动强度与联轴器类型密切相关。平行度偏差问题虽易于解决,却是不容忽视的校准议题

8. 支架错位

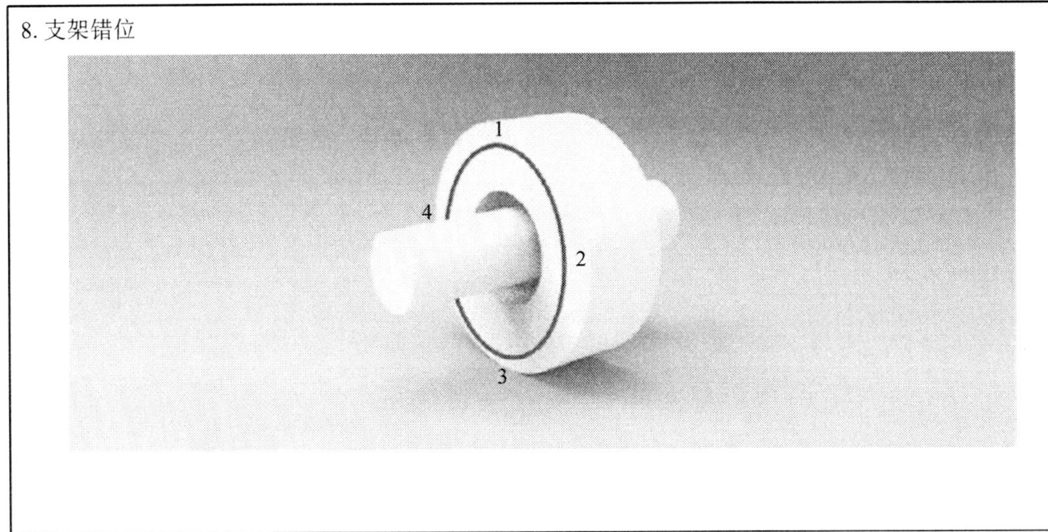

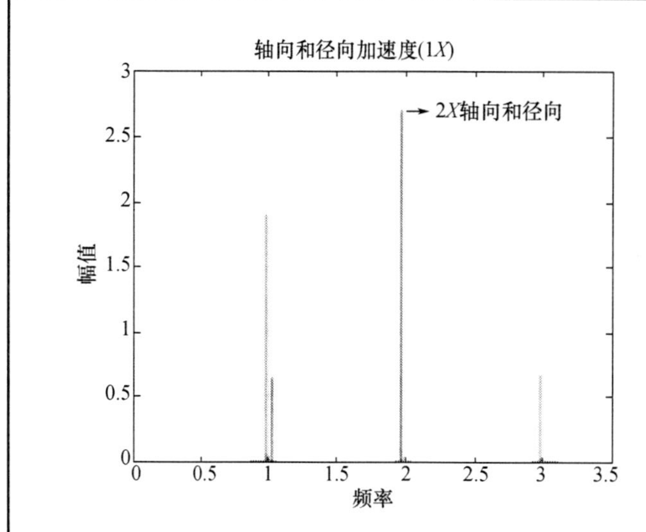	支架错位发生在支架旋转中心偏离时，其诊断可能较为复杂；该问题体现在 1 与 3 点或 2 与 4 点的振动信号间存在 180° 的相位差，不同于常规的不对中状况。 通过替换支架或精确对齐，此问题即可得到有效纠正

传输

第三组为出现在机器部件上的故障。

9. 齿轮

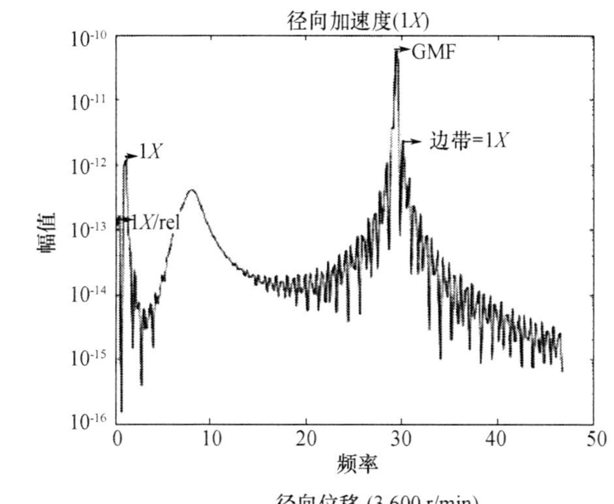

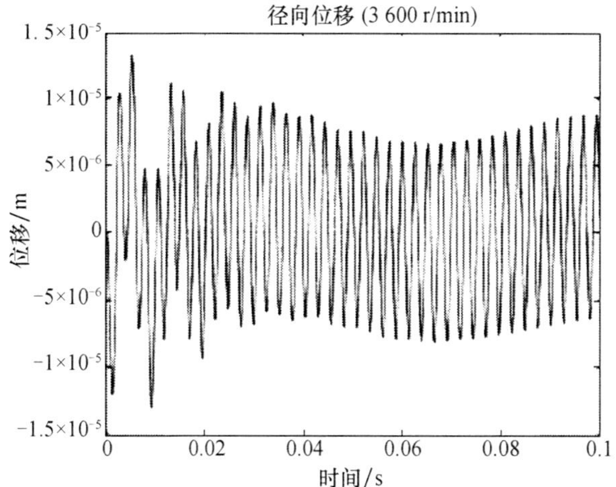

健康齿轮的频谱特征在于1X(小齿轮转速)及1X/rel(齿轮转速比)处的两个主峰,以及在啮合频率上的显著峰,某些情形下伴有低幅边带信号。

齿面磨损会逐渐改变齿廓,导致运动不平顺。此故障在啮合频率 NP X 及其 1 或 2 个谐波上形成峰高显著的频谱图。

齿轮偏心或多齿受损时,时间序列中将观察到调制信号及其频谱表现。边带间距反映受损齿轮的频率特征;若双齿轮皆损,则边带数量翻倍。啮合频率周围的边带有时可能属于正常现象。受损齿轮的频谱特征为:在接近啮合频率的高幅不对称边带,凸显其异常状态

10. 松动或磨损的皮带

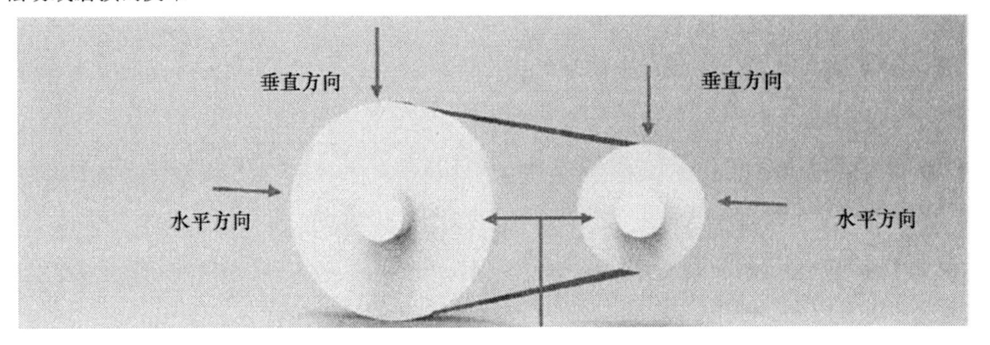

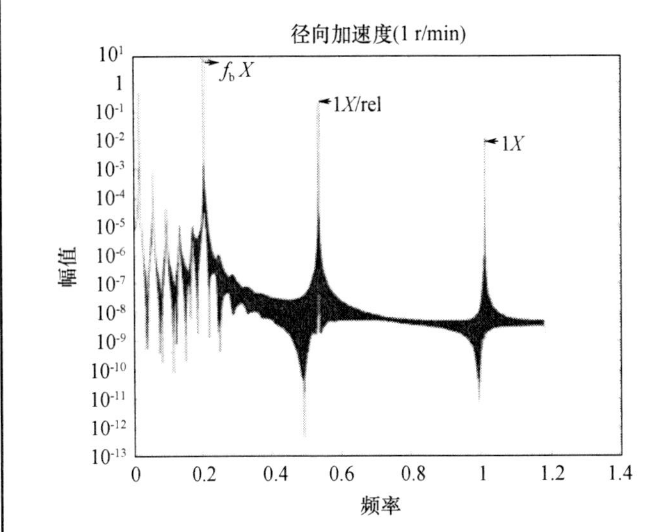

皮带传动系统展现出三大特征性频率峰值：首峰位于输入皮带轮转动频率（1*X*），次峰则在输出皮带轮转速对应的频率（1*X*/rel），第三峰则显现于皮带弯曲频率（$f_b X$）。

$$f_b = \frac{\text{输入皮带轮节圆直径}}{\text{皮带长度}}$$

当皮带出现松弛或磨损情况时，频谱分析将揭示皮带频率的系列谐波现象，具体为 1*X*、2*X* 及 3*X* 的频率成分。在此过程中，主峰值的振幅呈现明显的波动性特征

11. 皮带中的错位

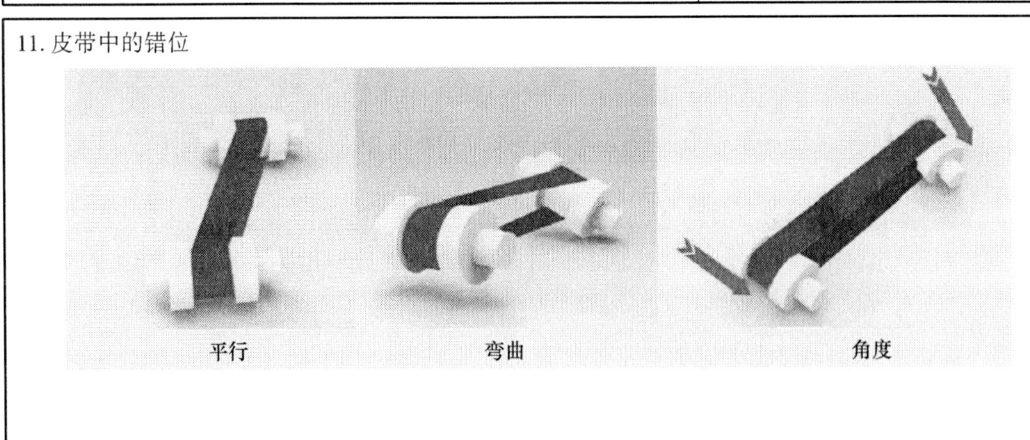

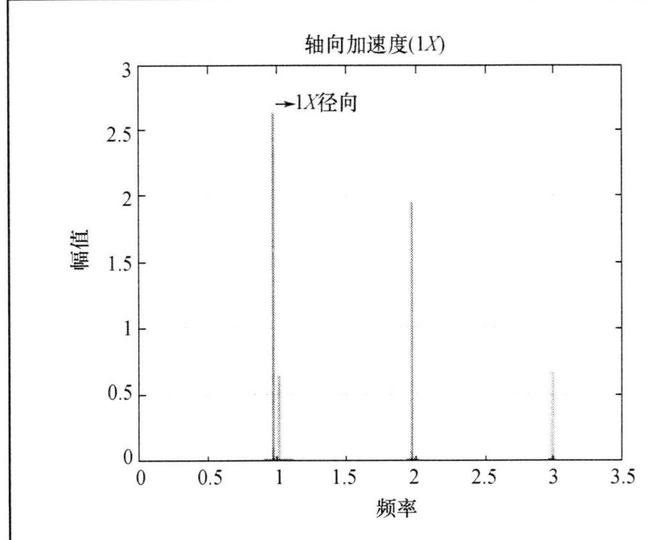

错位问题会导致在安装传感器的皮带轮处角速度频谱出现显著峰值。具体而言，若传感器置于输入皮带轮，则峰值主要位于1X频率；而安装于输出皮带轮时，峰值则转移至1X/rel频率。此外，这种未对准状况还会造成径向与轴向方向上的振动幅度增大

12. 皮带中的共振

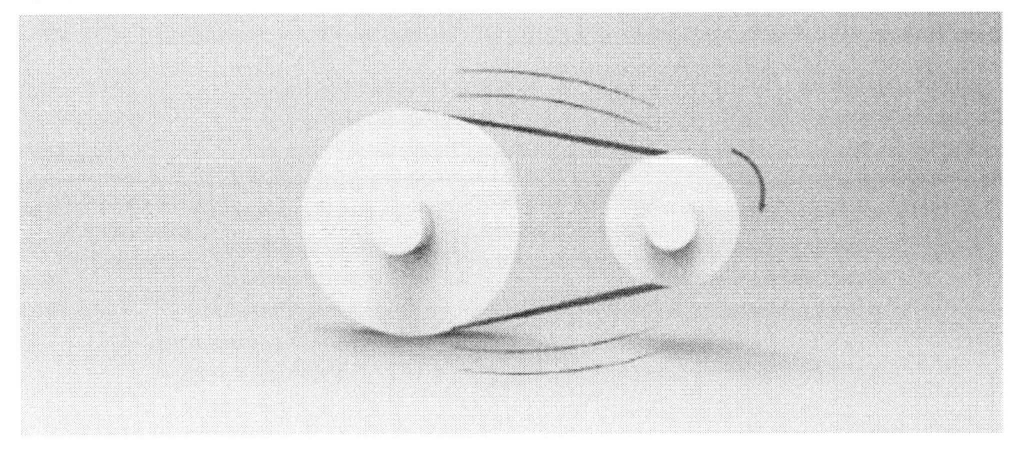

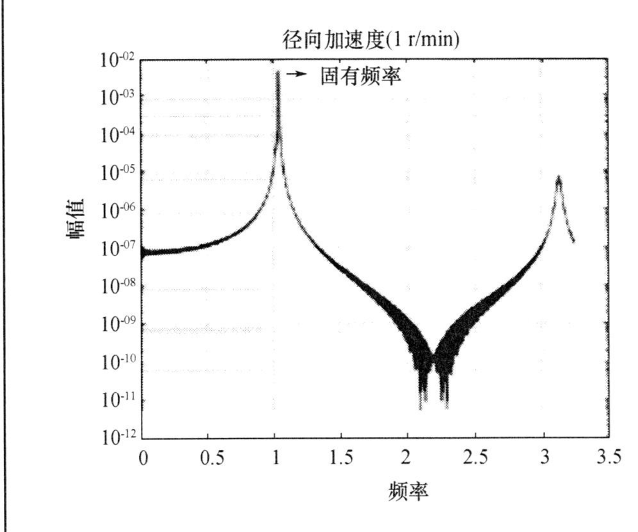

皮带具有独特属性，其固有频率受张力影响。若任一驱动轴转速逼近皮带固有频率，将诱发增强的噪声与振动。诊断该问题的简易途径是调节输入轴转速，直至噪声明显减小。对于不可调速设备，可通过调整皮带张力缓解此现象。在频谱分析中，固有频率点将呈现显著峰值，其可能与前述任一激励频率吻合

13. 滚柱轴承

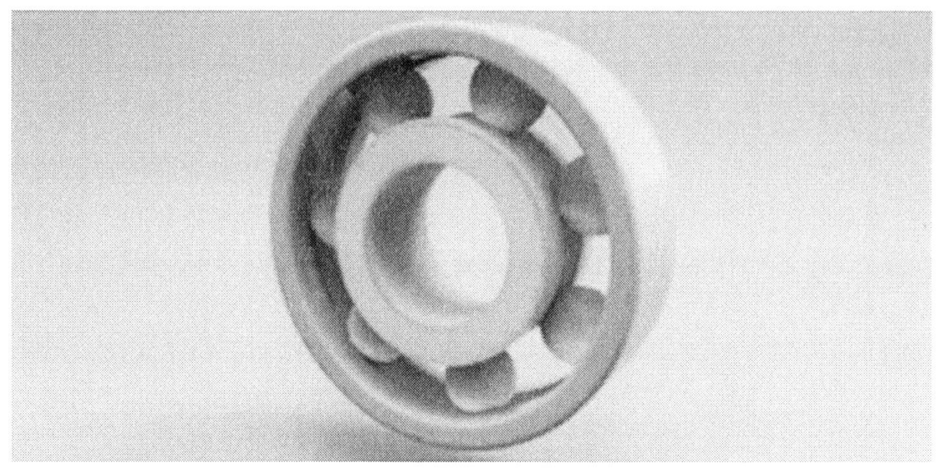

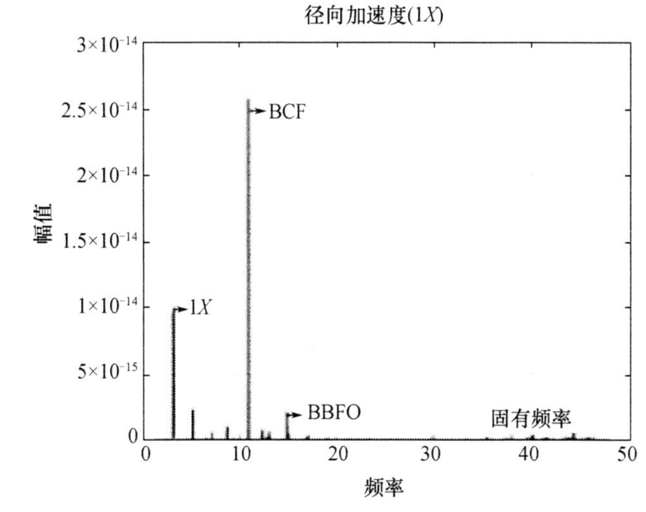

轴承故障被视为机器中最关键的故障源，其运动特性衍生出如下四种典型激励频率。

滚轮元件与内部轨道之间的接触频率：

$$\mathrm{BBFI} = \frac{N}{2}\left(1 + \frac{d}{D}\cos\alpha\right)X$$

滚轮元件与外部轨道之间的接触频率：

$$\mathrm{BBFO} = \frac{N}{2}\left(1 - \frac{d}{D}\cos\alpha\right)X$$

套管频率：

$$\mathrm{BCF} = \frac{1}{2}\left(1 - \frac{d}{D}\cos\alpha\right)X$$

滚筒旋转频率：

$$\mathrm{BRF} = \frac{D}{d}\left[1 - \left(\frac{d}{D}\cos\alpha\right)^2\right]\omega$$

在轴承无故障状态下，四个特定频率的振幅极低，仅在极高频段可观察到

一旦轴承部件(如外圈、滚动体或轨道)出现瑕疵，其影响显著。频谱分析显示，若条件允许(轴承安装前)，可观察到更多围绕该状态的峰值特征。

随着缺陷的发展，特定频率的振动愈加突出，常伴有一或多个显著峰值出现，此时频谱可能展现出一至两个变化的方向性特征。故障加剧时，谐波成分在频谱中增多。

接近寿命终点，频谱特征表现为转速频率(1X)处峰值显著升高，并在宽频带范围内出现“噪声”现象，此乃轴承非线性动力响应所致

14. 轴颈轴承

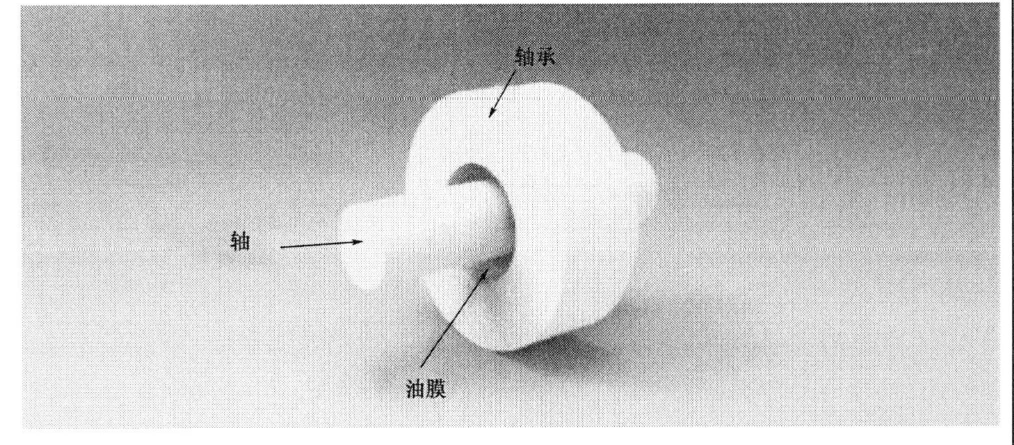

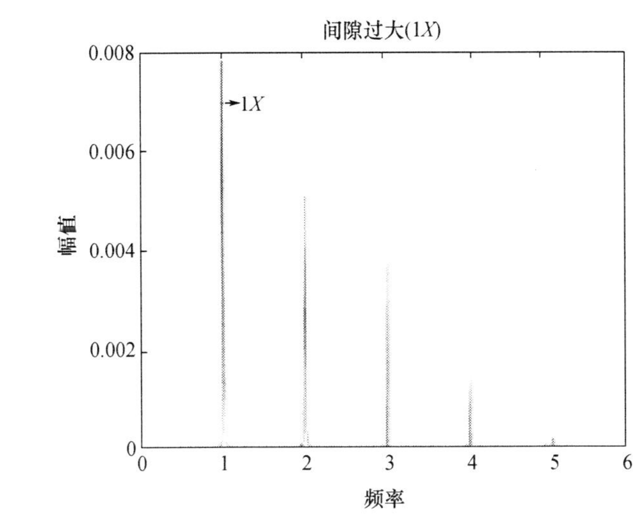

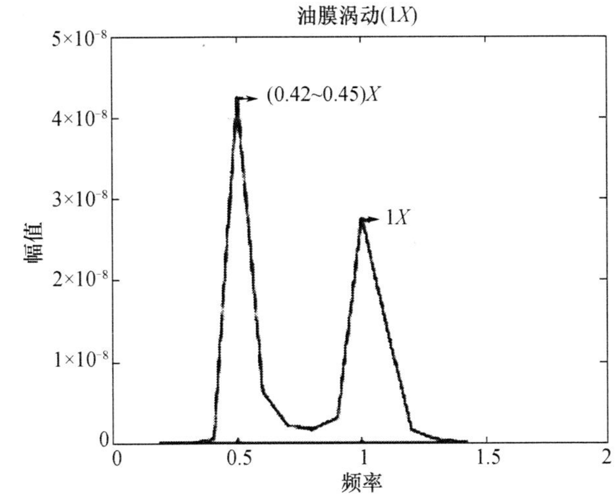

轴颈轴承因其特有的运行机制,成为大量研究及诸多文献的焦点。它们设计多样,但普遍基于含油轴承内部流体动力学响应,展现出非线性动态特性,其刚度与阻尼特性受油液属性及轴旋转速度影响,具体表现在磨损(间隙过大)、油膜涡动、油膜振荡及摩擦等问题上。此外,还包括极端温升、油液退化及轴承断裂等。

与轴和轴承间隙过大相关的故障,表现为包含多个基础频率谐波(最高达 10 次谐波)的不平衡状态,且垂直位移可能超过水平位移。工况突变时,油膜稳定性降低。

引发这类故障的操作条件主要是径向载荷的突变,无论是大小还是方向。不稳定性随之而来,特别是当径向载荷的中心偏移时。此过程诱导出与旋转方向相反的运动,涡动导致油膜变薄,轴面接触增加,产生幅值显著的亚谐波,集中在 0. 42X 至 0. 45X 频段

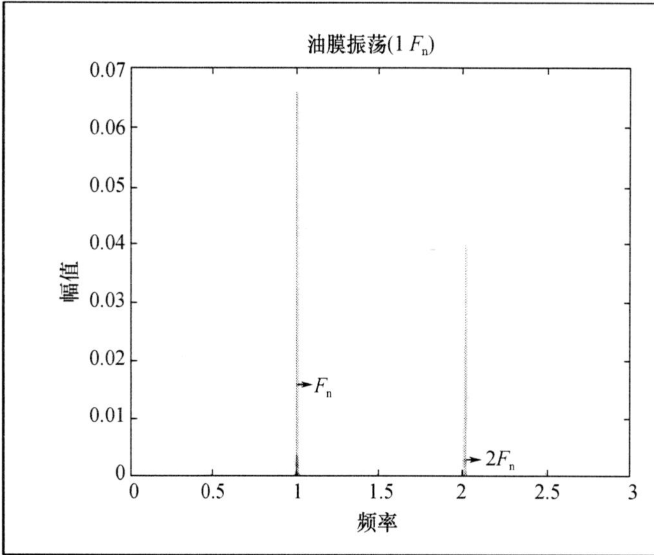

对于细长轴，在其旋转频率接近一阶固有频率（即首阶模态）两倍时，油膜振荡现象将浮现，形成类似共振的临界状态，轴的径向偏移显著增大，此时油膜动力响应失去稳定性。

这一效应促使径向振动与第二固有频率同步。在频谱分析中，该状态下的频率（$2F_n$）会呈现“锁定”峰值，标志这一特殊动态响应

15. 气动力和水动力

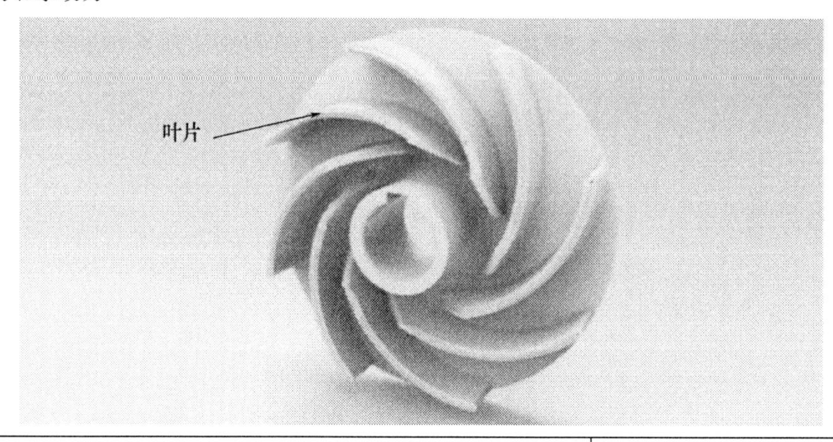

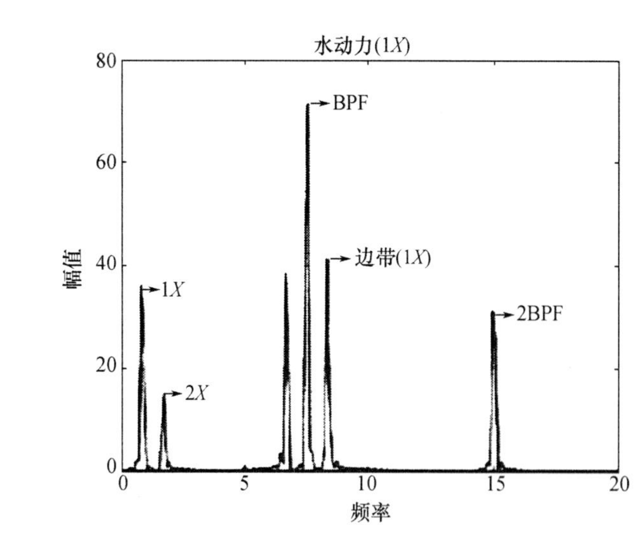

液压与气动转子的关键振动特征在于叶片通过频率（BPF），该频率由转速与转子叶片总数的乘积确定。在常态下，频谱中仅显现两大主峰，即转速自身频率（1X）及 BPF。然而，若转子与壳体间隙过大，BPF 的振幅将增强，频谱中或呈现转速谐波及不对中的迹象。

频谱分析同样适用于检测流体系统中的故障。流体流量突变或管道内压强骤减可引发流量脉动，此时频谱将展示 0.8～33 Hz 的宽频噪声。特别注意，液压系统中发生气蚀现象时，BPF 处的振幅会异常增高，并伴随高频率区域的噪声频谱特征

电力系统

第四组包括出现在电动机中的故障。

16. 偏心转子

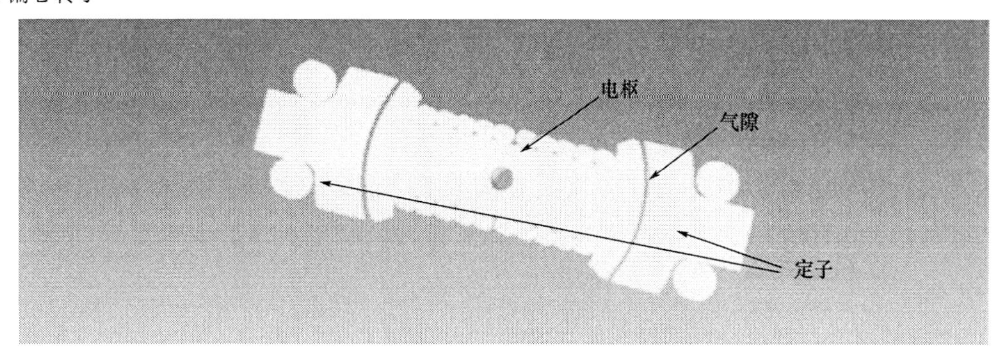

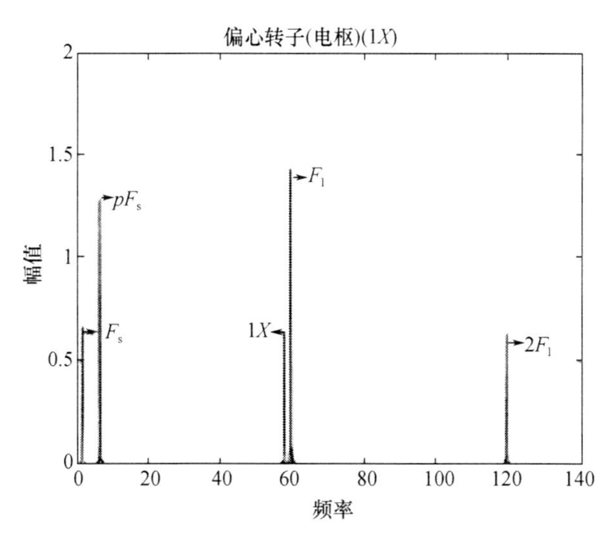

电动机的频谱频率可表达为

电力线频率 F_1(50 或 60 Hz)

转速(1X)

同步频率$\left(\frac{F_1}{p}\right)$

转差频率$\left(F_s=1X-\frac{F_1}{p}\right)$

极点通过频率 pF_s

式中，p 是极数。转子中的偏心导致这种气隙变化改变了电频率或线频率 F_1，并在 $2F_1$ 处显示出主峰。当电枢(转子)绕组破损、松动或叠片短路时，频谱在 1X 极点通频处的边带附近出现较高的峰值。

当线圈出现松动时，其频谱特征体现为线圈圈数乘以转速频率；若损伤发生，通常在谐波频率处显现峰值。至于电气连接松动问题，$2F_1$ 在任何转速下均持续可辨。验证电气问题的方法：一是断开电机电源，观察无电流流通时频谱中消失的峰值。二是切断电源，使机械自由运转，如此一来，与电气故障相关的频谱峰值将消减，仅余下由机械故障导致的峰值

其他可测量的故障

17. 共振

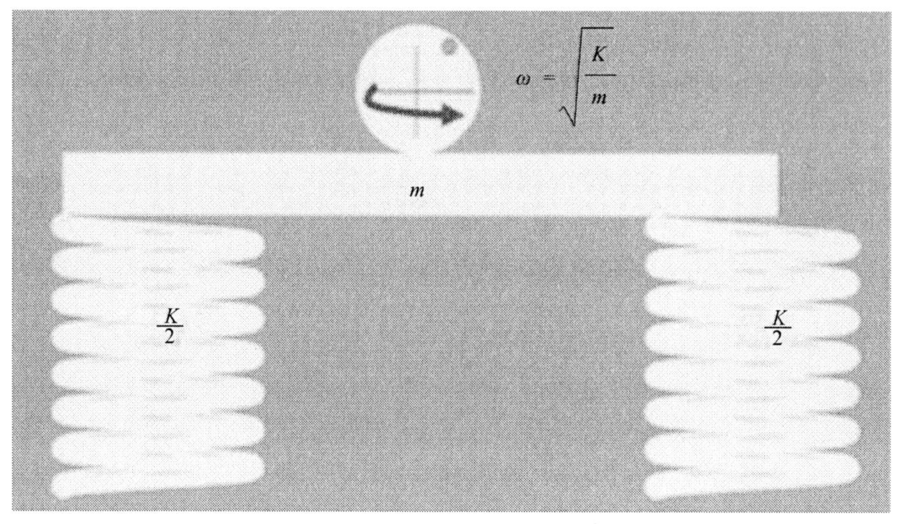

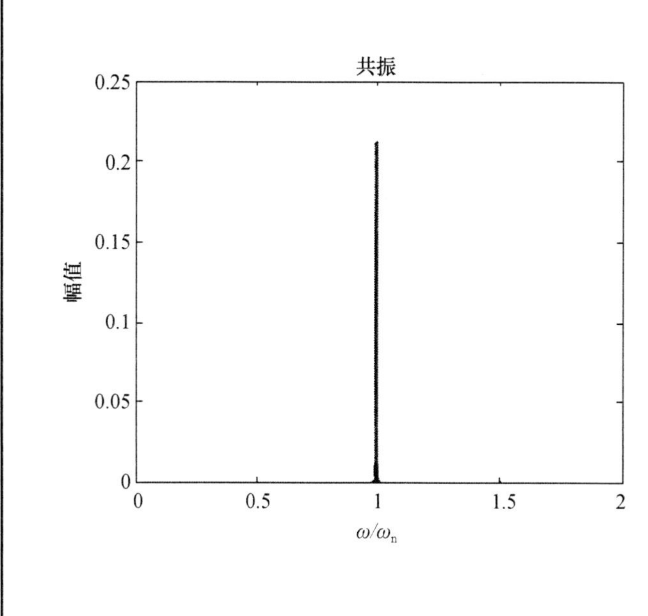

共振现象发生在外界激励频率与系统或机器自然频率相匹配时，导致振动幅值急剧上升，甚至引发严重故障。在此现象中，振幅增大的程度与系统的阻尼特性成反比。某些情形下，适度阻尼反而有利。

当转子接近其任一固有频率运转时，完全平衡变得极其困难。

识别此类故障的一种策略是调整运行速度。速度变化时，频谱中将显现两个显著峰值，分别对应转速频率（1X）和系统自然频率。鉴于1X频率直接随转速而变，其数值会动态调整，而自然频率则保持恒定。另一种有效诊断途径是借助坎贝尔图分析，该方法能直观揭示速度与振动响应间的关系，从而定位故障

18. 松动

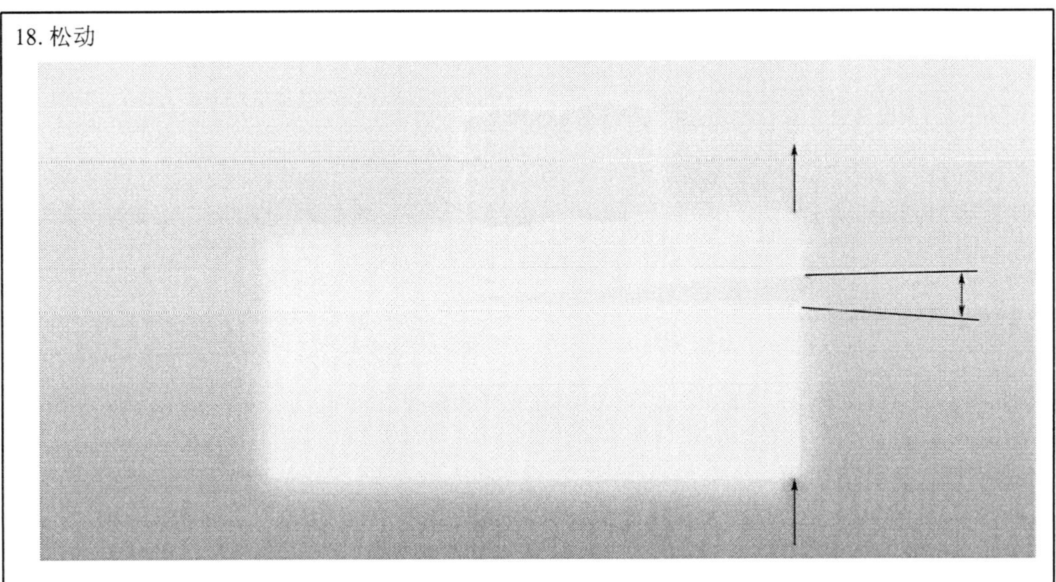

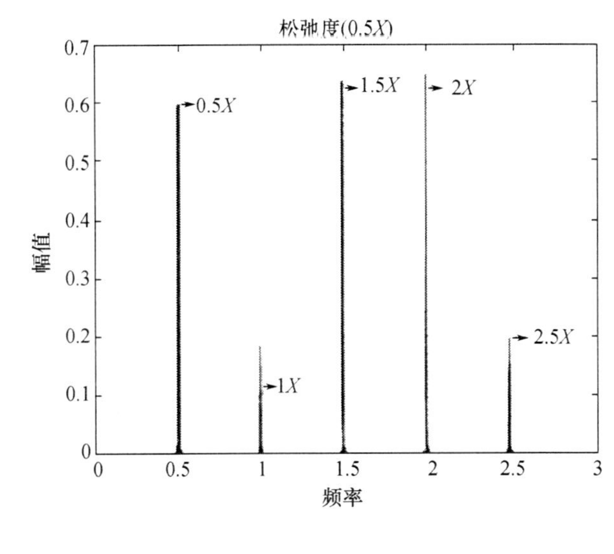

松动问题是非线性的，尤其在机械部件与结构发生碰撞时显现。碰撞可能源于多种情况：设备底座固定不牢、滚动轴承或轴承座松脱，或是部件未妥善固定于轴上。在多数情形下，频谱分析将揭示一系列谐波与亚谐波特征，基础频率的 2 倍频及其分数与整数倍频（0. 5X、1X、1. 5X、2X 等）。

机器若未正确安装于基座上，故障易于识别。相较于基座振动测量，直接在机器上进行的振动测量更为关键，且垂直振动与水平振动的读数差异，为诊断提供了额外线索。而其他故障源的定位，则可能需要更多高级分析手段，诸如热成像技术，以精确锁定振动根源

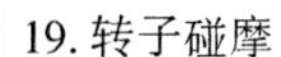

19. 转子碰摩

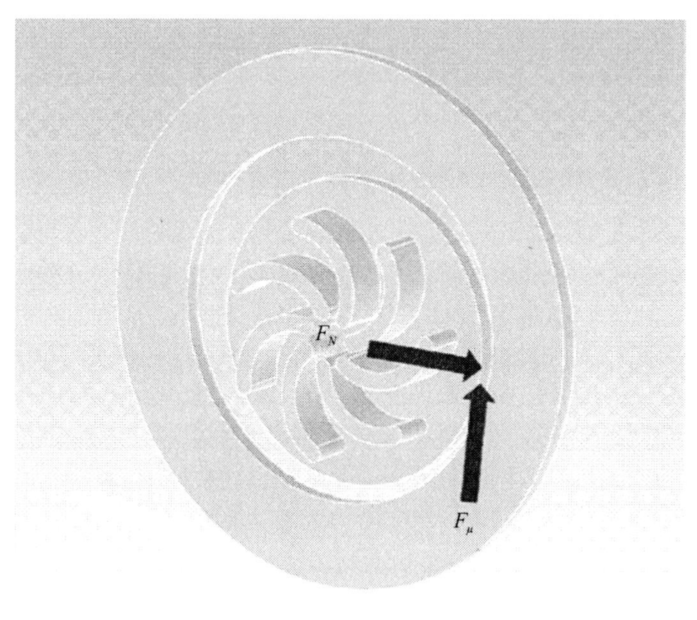

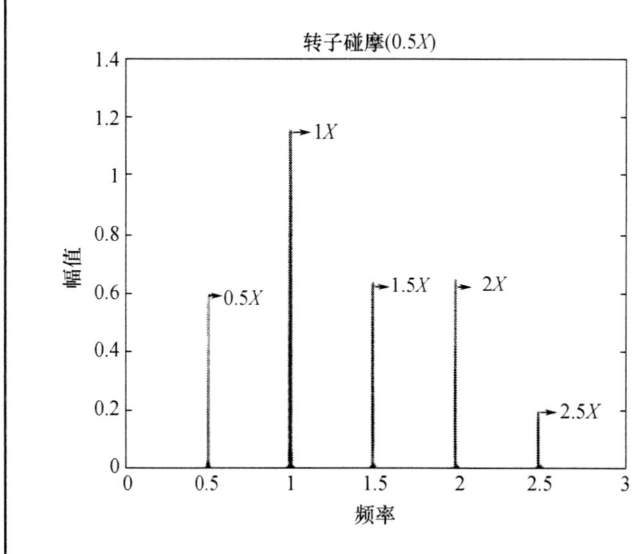

转子碰摩是指转子与机壳接触产生的非线性效应，其频谱特征与松动破损相似，但碰摩接触点可集中于壳体某一局部（局部碰摩），或遍布壳体圆周（全面碰摩）。轻微碰摩时，频谱呈现基频及其谐波与亚谐波（0. 5X、1X、1. 5X、2X 等）。随着碰摩力加剧，频谱特征转为噪声主导，谐波与亚谐波减弱，且在非同步频率上可能出现不稳定的峰态，增加了识别难度。因此，建议辅以热成像等其他检测手段以提高诊断准确性

索　　引

注:页码后 F 表示图,T 表示表。

混叠效果,35,36F
模数(A/D)转换器 ,35-36
角度偏差,80
平衡公差,97-98
滚珠轴承和滚柱轴承
优点,87
球通过频率外环(BPFO), 88
球旋转频率(BSF),88
部件,87,87F
弹性元件,89
频谱演变,89,90F
基本列车频率(FTF), 88
负载能力,88
故障类型,89
振动相关问题,89
方位
电机中,125-127,126-127F
在减速器中
球通过频率内圈(OBPI) ,117
球通过频率外圈 (OBPE), 117
球旋转频率(FRB),117
第一次减速阶段,116,116T
第二还原阶段,116-117
振动光谱,117,117F
宽带分析,39-40
坎贝尔图,114-115,114F
离心泵,129-132,130-131F
状态指示器(CI),157
状态监测系统(CMS)
优势,147-148
应用程序,148
人工智能程序,148
说明,147-148
设计,149
能量测量,159
能量比,160
包络系数 NB4,161-162
故障预测,149
平面度 FM4,160-161
最高峰,158
指标
波峰因数熵,159,167,167-168F
故障分析,167-168
频谱,163,164F
峰度指示器,160,163-167,165F
原始数据,163,,164F
径向变形,162-163
均方根(RMS)指示器,157163-167,165
香农癖,162-167,166F
形状系数指示器,159,163-167,,166F
对于工业 4.0,150
智能系统,156
磁探测器,149-150
油分析,149-150,151F
残余平整度指数 NA4,161
边带电平因子,158
信号分析,150-155,153F,154T
标准差,159
温度记录分析,150,151F
时间同步平均值,156-157,158F
两台机器,148
振动测量,149-150
沃丁顿效应,148
零级品质因数,160
连续系统,24-26,25-26F
卷积定理,155
波峰因数商,167,167F
临界阻尼条件,8,8F

阻尼自由振动
临界阻尼系数,7
临界阻尼振动,8,8F
创阻尼系数,10
位移和初速度,7
动态响应,8-10
对数衰减,8-10,9F.26
振动过大,7, 7F
无阻尼振动,8,9F
数据处理程序,55-56
自由度,3,20-24,21F,23-24F
确定性振动,2
直接内存访问(DMA),58
涡流位移传感器,71-73,72-73F
电隔离加速计,65,65F
包络系数 NB4,161-162
轮齿过度磨损,118-122,120-121F
快速傅里叶变换(FFT), 27,34-37,36F
平面度 FM4,160-161
强迫振动
运动方程,ll,13 1a3
激振力:ll
放大系数/传递函数,12-13,13F
最大传递力变化,16-17,16F
电机传递交替配合负载,14-16,15F
固有频率,16
非齐次方程,11
单自由度质量-弹簧系统,10-11
相位角,12-14,12-13F 15F
可容忍水平,10-11
临时解决方案,1l
可传输性,14
振幅变化,14,15F
傅里叶级数,30-34,32,33,34F
傅里叶积分,33-34
自由振动,5-6b
电加速度计(见压电加速度计)
数据的记录和处理,55
光谱分析仪,56-58,57F
换能器,59
速度传感器,69-71,70-71F
机床,122-125,122-124F
模态分析,107-111,109-110F
临界速度,17-20,19F
齿轮频率(GF),82
齿轮齿廓变形,82-83
齿轮振动,83-84
高阻抗加速计,60-61,61F
不平衡
对齐,99-100
角速度,97-98
平衡
阻尼,102-103
说明,100-101
设计托克兰斯,101
运行速度和固有频率,101
旋转机械,106-107,108F
公差,97-98
在不平衡转子中,101,101F
通过矢量分析,103-106,104-105F
离心力,97-98
经济,97-98
转子质量,97-98
模态分析,107-111,109-110F
实用建议,97-98,98T
残余不平衡,98-99
角度速度,97-98
智能系统,156
ISO 1940-1:2003(E)标准,97-98
轴承,85-87,86-87F
峰度指标,160,163-167,165F
低阻抗加速计,63,64F
集中质量模型,147
机械监控系统
数据处理程序,55-56
涡流位移传感器,71-73,72-73F
相变,102,102F
趋势分析,139-140,140F,
球旋转频率,143
叶片通过频率,142
特征频率和窄带,143,144R
说明,133
设备故障,133
由内圈引起的故障频率,143
由外圈引起的故障频率,143
齿轮频率,142

Morlet 母小波,155
电机-扇叶组件装置,127-129,128-129F
固有频率,6
奈奎斯特定理简化,35
机油分析,134
单自由度质量-弹簧系统,10-11
电加速度计
建造,64,65F
说明,59
电隔离加速计,65,65F
同等型号,59-60,60F
紧固方法,66-67,67F
胶合方法,66
高阻抗加速计,60-61,61F
负载放大器,61-63,62F
低阻抗加速计,63-64,64F
安装,66
工作原理,59-60,59F
参数选择,67
残余噪声,62-63
响应曲线,59-60,60F
振动加速度计,60
噪声源,65
温度效应,66
振动元件,59
电压放大器 R,62,63
预测性维护计划,55
优点,135
边带电平因子,158
信号平均,43,46F
信号分辨率,35
光谱分析仪,56-58,57F
光谱分析
应用,39-43,40-42F
相关函数,50-52,51F,53F
定义,27
确定性函数,27,28F
快速傅里叶变换(FFT),27,34-37,
噪声,52-54
随机信号和平均信号,36F
随机振动,28
光谱能量密度,48-49
时域和频域
机组寿命曲线,136,136F
机组,134
成熟阶段,136
测量点,135
监测周期,135
窄带选择,137-139,138R,139F
目标,136
机油分析,134
参数监控,134
旋转频率,142
理论,134
故障时间阶段,134
典型机组,137,137F
振动监测,134
振动光谱,135
发展阶段,136
随机振动,2,28
残余平整度指数 NA4,161
转子平衡,97
采样误差,35
地震加速度计,60
香农熵,162-167,166F
形状因子指示器,159,163-167,166F
短时傅里叶变换,152,143-145
在化工厂,141,141F
纠正性维护,133
列车基本频率,143
傅里叶级数,29-34,32,33,34F
齿轮传动,29-30
测量装置,43-47,47T,48-50F
信号平均,43,46F
振动信号,43,44 45F
窗口函数,37-38,38-39F
时间局部化傅里叶变换,152
可传输性,17,18F
速度传感器,69-71,70-71F
震动
分析,55
关节杆机构,92
滚珠轴承和滚柱轴承,87-89,87. 90
表带和皮带,90-91,91F

振幅-频率平面,29
振幅/时间,29
傅里叶级数,29-34,32F,33T,34F
齿轮传动,29-30
测量单位,43-47,47T,48-50F
信号转换,30,31F
振动信号,43,44 45F
窗口函数,37-38,38-39F
减速器
轴承
球通过频率内圈,117
球通过频率外圈,117
第一还原阶段,116,116T
第二还原阶段,116-117
振动光谱,117,117F
齿轮,117-118,119F
蒸汽涡轮机,113-115,114T,114F
理论,134
时域和频域
振幅-频率平面,29
振幅/时间平面,29
概念模型,2,2F
自由度,3,20-24,21F,23-24F
运动方程,3
谐波振荡,4,4F
峰峰值,4-5,5F
均方根,5
二阶微分方程,3-4
基于链轮的传动装置,91-92
圆周运动转换(凸轮),92
疲劳,92,93F
摩擦,93-95,95F
齿轮,82-84,83-85F
不平衡
原因,76
过度弯曲,79-80
激振力,76
频谱,77-79,78F
重点概念,76,77F
最大振幅,76
最大不平衡力,76
旋转速度,76-77
轴弯曲,79,79F
轴颈轴承,85-87,86-87F
载荷-应力关系,92,93
宽松 93,94F
机械参数监控,75-76
未对准
角度失准,80
滚珠轴承未对准,81,82F
平行偏差,80-81
示意图,80,81F
监控,134
噪声,95-96,96,96R
签名,43,44 45F
振动系统
外力,3,3F
沃丁顿效应,148
旋转,20
白噪声,52-54
窗口函数,37-38,38-39F
零级品质因数,160